莫急躁，一切都来得及

刘鑫◎著

中国纺织出版社有限公司

内 容 提 要

静下来，莫急躁，只要你辛勤耕耘，努力奋斗，以平和的心态面对人生的得与失、成功与失败，那么，时间便会把你想要的都给你。

现代人最典型的弊病就是急躁，因说话太快而伤人，因做事太快而出错。本书针对做人做事方面太急躁的一些具体表现，进行了详尽的剖析给予现代人一剂心灵良方：莫急躁，一切都来得及。

图书在版编目（CIP）数据

莫急躁，一切都来得及 / 刘鑫著. --北京：中国纺织出版社有限公司，2020.8（2023.5重印）

ISBN 978-7-5180-7218-7

Ⅰ. ①莫… Ⅱ. ①刘… Ⅲ. ①情绪—自我控制—通俗读物 Ⅳ. ①B842.6-49

中国版本图书馆CIP数据核字（2020）第038294号

责任编辑：赵晓红　　责任校对：寇晨晨　　责任印制：储志伟

中国纺织出版社有限公司出版发行

地址：北京市朝阳区百子湾东里A407号楼　邮政编码：100124

销售电话：010—67004422　传真：010—87155801

http：//www.c-textilep.com

中国纺织出版社天猫旗舰店

官方微博http：//weibo.com/2119887771

永清县晔盛亚胶印有限公司印刷　各地新华书店经销

2020年8月第1版　2023年5月第2次印刷

开本：880×1230　1/32　印张：6

字数：98千字　定价：48.00元

Preface 前言

现代社会，人们普遍太急躁，说话做事都带着浓重的戾气，好像有许多很重要的事情等着他们去做，结果，越是着急，事情越做不好；又因为做事情不顺利，情绪更急躁，使得自己陷入恶性循环。其实，凡事不必急，因为一切都来得及。

凡事别急，放慢脚步慢慢走。虽然这个世界上机会本来就不多，时间更是宝贵，走得急一些快一些也大都是形势所迫，大家都想走快一点，总不可能停下来欣赏风景吧。然而，或许正是因为走得太快，所以我们忽略了路边美丽的风景。可能你的事业在突飞猛进，但与父母相聚的时间越来越少，当年迈的父母拖着病弱的身体在深夜里徘徊时，你才惊觉已经很久没和他们吃饭了，但他们衰弱的身体已撑不了多久；可能你为了工作每天应酬，却忽略了孩子的成长，当孩子看你的眼神里流露出冷漠的神情，你才惊觉你对这个家来说已经是陌生人，但过去的时间已经无法弥补。所以，走得太快并不一定是好事，等一等同行者，或许你会更有自信地踏上征途。

凡事别急，欲速则不达。人生总在刻意中失去，而在不经意间获得。这句简单的话里蕴含着深刻的哲理。当我们越是急切地想得到某种东西时，结果往往事与愿违。凡事欲速则不达，事情的发展并不会与急切的心情同频，最后想必是失望大于欣喜。太急躁是现代人最大的弊病。急躁的人，大多与好高骛远者殊途同归，最终一事无成，空忙一场。这样的人不可能成就什么事业，因为他们本来就对生活没有什么追求，没有立下事业的志向，全部的时间精力都消耗在短暂的行为之中，消耗在虚浮浅薄的劳作之中。也许他们一时得到了满足，但那总归是微不足道的，而且活得太累，不可能拥有真正的快乐和幸福。

凡事别急，别着眼于眼前的利益。那些急功近利的人，大都是目光短浅者，一叶障目不见泰山，只闻到了芝麻的香，却忘记了西瓜的甜；只看到暂时的亏损，却没看到长远的利益。他们在急躁心态的引导下，为了摆脱眼前的状况，便可以不顾未来的利益；为了求得短暂的痛快，而落得个长远的痛苦。这样的选择，对于漫长人生而言，实在是得不偿失。

作者

2019年12月

CONTENTS
目 录

第01章

不必急功近利，做事常常留余地

古人曰："天下熙熙皆为利来，天下攘攘皆为利往。"生活中，人们总是"利"字当头，难免会急功近利，着眼于眼前的蝇头小利，做事常常不留余地，结果完全忽略了前方的大好风景。

做人做事，须掌握好分寸

中国几千年的文化中，一直强调儒家的中庸之道，其精髓是“不偏不倚”“过犹不及”的思想。说到底也就是分寸的问题。无论是做人还是做事，无不渗透着分寸和火候的掌握。敢想敢干、当断则断是一种气度，脚踏实地步步为营则是必要的策略。为人处世要讲分寸，拿捏得好，水到渠成；拿捏不好，前功尽弃。

春秋时，晋献公听信谗言，太子申生无奈自杀，晋献公又派人捉拿申生的异母兄弟重耳。重耳闻讯，逃出了晋国，在外流亡十九年。

经过千辛万苦，重耳来到楚国。楚成王认为重耳日后必有大作为，就以国君之礼相迎，待他如上宾。

一天，楚王设宴招待重耳，两人饮酒叙话，气氛十分融洽。忽然，楚王问重耳：“你若有一天回晋国当上国君，该怎么报答我呢？”重耳略一思索说：“美女侍从、珍宝丝绸，大王您有的是，珍禽羽毛，象牙兽皮，更是楚地的盛产，晋国哪有什么珍奇物品献给大王呢？”楚王说：“公子过谦了，话虽然这么说，可总该对我有所表示吧？”重耳笑笑回答道：“要是托您的福，果真能回国当政的话，我愿与贵国友好。假如有一天，晋楚国之间发生战争，我一定命令军队先退避三舍（一舍等于三十里），如果还不能得到您的原谅，我再与您交战。”

四年后，重耳真的回到晋国当了国君，他就是历史上有名的晋文公。晋国在他的治理下日益强大。

公元前633年，楚国和晋国的军队在作战时相遇。晋文公为了实现他许下的诺言，下令军队后退九十里，驻扎在城濮。楚军见晋军后退，以为对方害怕了，马上追击。晋军利用楚军骄傲轻敌的弱点，集中兵力，大破楚军，取得了城濮之战的胜利。

这就是“退避三舍”的故事，以退为进，然后诱敌深入，从而给自己留下了主动出击的后路，获得最后的成功。这个故事告诉我们要懂得进退，进退自如。狭路相逢勇者胜，人生之路，则更需要多一分智慧，若是自己退一步让人先走，那么自己也就相当于有了两步的余地，可以轻松走路。这种做法明为退，实为进，是一种比较圆滑的做法。

可见，懂得减速和停止，是人生的一种境界。有时候，一味地追求高速度并不能达到目的，因为，用了多大的冲劲，就能招致多大的损伤。这是必然的。或许，就是因为有了喘息的机会，才有足够的体力进行下一步的飞跃。

当然，做人做事除了要懂得退让以外，还必须掌握分寸，掌握分寸是为人处世的普遍规则，是获得好人缘的第一准则。为此，我们首先要懂得的就是内圆外方。

所谓的外圆内方，就是要求我们，对于自己，要有做人之本，有原则，不被他人所左右，也就是“方”；而对外，与人打交道，要圆滑世故，融通老成，能够认清时务，使自己进退自如，游刃有余，也就是“圆”。

做人应当方外有圆，圆内有方。外圆内方之人，有忍的精神，有让的胸怀，有貌似糊涂的智慧，有形如疯傻的清醒，有脸上挂着笑的哭，有表面看是错的对……真正的“方圆”之人，没有失败，只有沉默，这是面对挫折与逆境时积蓄力量的沉默。

真正的“方圆”之人是大智慧与大容忍的结合体，有勇猛斗士的武力，有沉静蕴慧的平和，对大喜大悲能够做到泰然不惊；行动时，干练迅捷，不为感情所动摇；退避时，审时度势，全身而退，而且能够抓住最佳机会东山再起。

另外，掌握做人的分寸还有一点要求是——能屈能伸，“大丈夫能屈能伸”，也是这个意思。任何一个人，都不可能一帆风顺度过一生，这就要求我们适时调换好“伸”与“屈”。在生活和事业处于困难、低潮或者逆境、失败时，如果能运用“屈”的智慧，往往会收到意想不到的效果。反之，该屈时不屈，一味地去伸，必遭沉重打击，甚至殃及生命，如此，我们还有什么资格去谈人生、谈事业、谈未来、谈理想呢？

再者，待人接物也要做到冷热适中。

歌德说过一句话："世间最纯粹、最暖人胸怀的乐事，莫过于看见一颗伟大的心灵对自己开诚相见。"人际交往中，我们强调要以诚待人，以真性情待人，对一切事物抱有积极热情的态度，这也是为人处世所必需的。比如，你想得到朋友、同事的认可和接纳，就必须首先主动敞开自己的心怀，讲真话，做实事，以诚相见，这样朋友才会被你的诚实所感动，从内心深处喜欢你，才愿意与你真诚交往。

但是，凡事都有个度的问题，热情也不能过了头，比如，涉及朋友的隐私之事，你却不知眉眼高低，非要帮人家忙里忙外，让朋友难为情，既不好拒绝你，又无法谢绝你，搞得非常尴尬。所以，最好的分寸就是冷热适中，不即不离，勿以尊卑亲疏定冷热，这样才有可能使彼此间的友好关系保持长远。

最后，最为重要的一点是，做人做事要低调，"出头的椽子先烂""木秀于林，风必摧之""直木先伐，甘井先竭"……这类古训俗语常用来告诫人们，人心叵测，冒尖是要承担一定风险的。我们不妨韬光养晦，不露锋芒，不动声色。因为，风头出尽的人容易遭人妒，容易首先受到攻击。这里并不是要否定那些勇往直前、万事当先的人，只是强调前与后的分寸。

能够真正掌握于分寸之间，是一件非常不容易的事。分寸隐藏于何处，不是触摸出来的，而是体会出来的。要学会把握分寸，必须通人情、晓世故，有修养。把握分寸是人的一种综合素质，是内在涵养与外在经验的集中表现。

与人有“距”，亲密有“间”

生活中，不知你是否曾留意过：原本两个关系很好的人，以前亲密无间，不分彼此；可是，没过多久竟翻脸为敌，不仅互不来往，甚至反目成仇。为什么会这样？原因很简单，他们太过亲近了！

的确，俗话说得好：“距离产生美。”这是一个美学命题，用在人际交往中也有一定的道理。人与人之间虽说有很多的相容性，但必定也是两个单独的个体，是需要一定的个人空间的，如交往双方连一点点个人空间都没有的话，那时间久了必会生厌，所以这时就需要营造一个距离。所以中国民间素有“小别胜新婚”这一说法，夫妇双方在小别以后有一种迫切渴望重逢的雀跃，当然，这种距离也是有个限度的。

而现实生活中，一些人认为朋友间就应该亲密无间，直到有一天，当和自己形影不离的哥们儿突然远离自己时才明白，原来自己的友谊让对方窒息了；也有一些年轻人，觉得自己和上司的关系非同一般，于是就和上司哥们儿相称，不注意说话的语气等问题了。其实，这些做法都是非常错误的。与人交往，如果双方之间太了解，太过接近，就会没有一点新鲜感，没有一点隐私。而保持一定距离，雾里看花，水中望月，一切都是那么美好，这就是“距离产生美”。

小米是个很讨人喜欢的姑娘，在办公室和谁都能聊得开，因此，才来公司几个月的她，就已经成了大家的开心果。但和很多二十几岁的女孩子一样，她也有个缺点——喜欢聊些八卦问题。以前在学校的时候，她就喜欢挖别人的隐私，因此，有朋友说她可以去狗仔队了。刚参加工作的她倒还没显示出这一缺点，因此，某些同事还对她掏心窝子似的说话。

小米所在部门的经理赛琳娜是个三十岁的女强人，却还没对象。对于公司这个新来的勤快小姑娘，赛琳娜从刚开始就很有好感，有时中午吃饭也邀她一起。在一起吃饭，自然也免不了聊天。小米很骄傲地谈到自己的男朋友，谈完以后，就顺便问赛琳娜：“经理，我看您平时工作那么努力，可得注意自己的身体，女人一到三十岁，不注意保养，可是很容易老的。”听到小米这么说，赛琳娜的脸色马上变了，这不是在说自己老吗？但她也没说什么。可小米一点也不知趣，还继续说：“我觉得，您真该找个男朋友，女人再强，还是要嫁人的呀，不然真的成剩女了。”正说着，赛琳娜的电话响了，赛琳娜马上对小米使了个眼色，就离席去接电话了。小米清楚地看到赛琳娜的电话显示是董事长。既然是董事长，赛琳娜为什么要避开自己呢？小米越想越不对劲，于是，她准备直接问赛琳娜。

当赛琳娜回来后，她问：“刚刚是您男朋友打的电话？”赛琳娜没想到小米会直接这么问，就遮遮掩掩地回答：“没有，一个普通朋友。”看到赛琳娜的态度，小米心里已经有答案了。

于是，自打这件事之后，小米一有时间就去找赛琳娜问这件事，后来，赛琳娜一看到小米就躲开，她心想：这个小姑娘怎么这么讨厌！还是找个机会让她走人吧，不然，她迟早会把自己与董事长之间的关系抖出来。

果然，一个星期后，赛琳娜不动声色地宣布：“我是来向大家宣布一个消息的：刚才总经理开会时说我们要在两个月内裁员两名，我一直在想，我们大家都挺努力的，裁谁好呢？我看就裁那些一天无所事事的吧，毕竟，公司不能拿闲钱去养那些没有能力、只会磨嘴皮子的人呢！”小米发现大家的目光竟然都一起对准了她，她什么话也说不出来了。很快，小米就被辞退了，她悔不当初。八卦别人，吃亏的还是自己。

我们发现，故事中的小米犯的最大的错误在于，她自以为自己和上司赛琳娜关系不错，就口无遮拦，连上司的隐私也探寻，让上司觉得很尴尬，最终只能炒了她的鱿鱼。

人与人之间是需要保持距离的。那么，什么是保持距离呢？该怎样保持距离呢？什么样的距离才是最佳距离呢？可能很多年轻人会产生这样的疑问。

所谓的“保持距离”，说到底就是不要过于亲密，不要让对方觉得没有了私人空间，当然，这种距离，不仅是形体距离，还包括心理距离。最好的处理效果是要达到形体疏远而心灵愈加贴近。因为“保持距离”能使双方产生一种“礼”，有了这种“礼”，就会相互尊重，避免碰撞而产生伤害。

注意“度”的把握。与人相处，如果距离过大，很容易使朋友间的友情变淡。尤其是在日益忙碌的现代社会，人们都为自己的事业和家庭奔波，紧张的工作之余，如果几个朋友一起聚聚，则能加深感情，但要是彼此都不抽出时间来，即使关系再好的朋友，友情也会逐渐变淡，甚至变成仅仅是熟人而已。所以，为了保存你们之间的友情，为了让你的人生不再孤寂，请遵循这一原则——好朋友也要适度保持距离。

总之，我们要建立美好的人际关系，就要明白人与人之间应该有一定的距离，距离太远，不便于双方之间进行了解，感情容易疏远，而太近，难免产生矛盾，这就需要我们把握好度，保持适当的、微妙的距离，这样才能做到相互了解又相敬如宾，也就是亲密有“间”，那才是最好！

逞一时口舌之快，后悔无穷

现代社会，人们生活、工作和学习的速度越来越快，人们凡事都追求高效率，也就是“快”，但并不是凡事都要快，如说话，不经思考说出的话小则可能导致听者的不快，大则招致祸端，逞一时口舌之快，可能导致你后悔无穷。

所以，我们在与人交往的过程中一定要谨言慎行，说话前一定要考虑你说出话后可能带来的影响。

刘邦称帝后，韩信被刘邦封为楚王，不久，刘邦接到密告，说韩信接纳了项羽的旧部钟离昧，准备谋反。于是，他采用谋士陈平的计策，假称自己准备巡游云梦泽，要诸侯前往陈地相会。韩信知道后，杀了钟离昧来到陈地见刘邦，刘邦便下令将韩信逮捕，押回洛阳。回到洛阳后，刘邦知道韩信并没有谋反的念头，又想起他过去的战功，便把他贬为淮阴侯。

韩信心中十分不满，但也无可奈何。刘邦知道韩信的心思，有一天把韩信召进宫中闲谈，要他评论一下朝中各个将领的才能，韩信一一说了。当然，那些人都不在韩信的眼中。刘邦听了，便笑着问他：“依你看来，像我能带多少人马？”“陛下能带十万。”韩信回答。刘邦又问：“那你呢？”“对我来说，当然越多越好！”刘邦笑着说：“你带兵多多益善，怎么会被我逮住呢？”韩信知道自己说错了话，忙掩饰说："陛下虽然带兵不多，但有驾驭将领的能力啊！"刘邦见韩信降为淮阴侯后仍这么狂妄，心中很不高兴。

后来，刘邦再次出征，刘邦的妻子吕后终于设计杀害了韩信。

倾尽全力追随刘邦打天下的韩信，也因自己的口误而招来杀身之祸，可见，他并没有明白"伴君如伴虎"的道理。树大招风，一个人不注意自己的说话方式，过于招摇，必然会给自己带来不必要的麻烦。

在我们的生活中，我们也发现一些人，他们无论与谁沟通，都喜欢将自己的想法不加思索地表达出来，因为词不达意，他们常常让自己或交谈的对方陷入语言尴尬境地。

小王是一家外企的人事部经理，负责人事招聘工作，在职场多年的他，还是管不住自己的嘴巴，有一次，便得罪了一个应聘者，让自己下不来台。

该应聘者是伯明翰大学留学归国的，但没具体说哪所学院，小王居然开口就是一句让人大感不恭的话："国外的大学有一流的也有末流的。"这话的意思不就是怀疑那人有点儿徒有虚名吗？这话让那名应聘者逮个正着，非让他说出伯明翰到底哪所学院是末流。

实际上，小王也知道，伯明翰大学虽然有不同的学院，水平也不一，但还不至于有哪个学院是末流，他的话其实是逞一时口舌之快说出来的，并没有什么实际意义。那个应聘者也“豁”出去了，非得与小王争个高下，僵持到最后，小王不得不向人家赔礼道歉。

小王这是自找麻烦，一句无心的话被人抓住了把柄，结果弄得自己很尴尬，可见“逞一时口舌之快必后悔”“言多必失”的道理。

其实，很多直言直说的人并没有什么坏心眼，多半是心浮气躁又习惯指责他人的人，这一点在年轻人身上似乎更为明显，他们做事冲动，说话不经过大脑，想到什么说什么，似乎在他们的心灵世界里根本就没有“忍”字可言，尤其是当他们心中不悦的时候，见事骂事，见人骂人，为的是排遣胸中的忧烦。可是，他们根本没有想到，当自己将某些话脱口而出后，自己的情绪是宣泄了，而听者的感受如何呢？“说者无心，听者有意”，你的无心之话很可能会引起对方心中的不快。

的确，人与人之间因为语言产生的误会是一种小摩擦，也有一些人对这些鸡毛蒜皮的小事心胸宽广，但毕竟这是少数。人际关系毕竟是互相的，若你由于逞一时口舌之快，说了带情绪的话，伤害了对方的自尊心，那么，对方被伤害后，自然也会采取措施来报复你的莽撞，即使对方当场不表现出来，你也已经树敌了，总之，不是把口水仗打得如火如荼，以免引起别人记恨，酿成祸端。

这也给我们一个警示：与人相处，管住自己的嘴巴，凡事多个心眼儿，俗话说："三思而后行。"说话也一样，语言经过了大脑的思考才更有说服力，才能经得起对方的"检验"。所以，无论是在什么场合，面对什么人，你都需要"嘴边留个把门的"，说出的话才会显得缜密、谨慎。

总之，年轻人，一定要三思而后行，在你要说出心头的话以前，先想一想：这话可是真的，这话厚道吗？在确定不会伤害他人之后再说出口，才能起到一言九鼎的作用，你才能受到别人的尊重和认可。千万不可逞一时之快，而给自己带来潜在的人际关系危机！

说话，一定要有弹性空间

著名的哲学家、教育家苏格拉底曾经说过："一颗完全理智的心，就像是一把锋利无比的刀，会割伤使用它的人。"在这个世界上，没有任何事情是完全绝对的，每件事情都像一枚硬币似的具有两面性。这就告诫人们，无论是说话还是做事，都要给自己留有回旋的余地。

诚然，我们都喜欢那些说话做事直接、不隐晦的人，他们给人以率真的印象，然而，一些人不懂得把握好说话、做事的分寸，常常因为自己言行举止毫无顾忌而失了分寸，甚至伤害到他人。与人交往，如果待人真诚、和善、大方，谈吐文雅，就会给人留下良好的印象。任何人都讨厌那些满嘴脏话、尖酸刻薄的人。因此，如果你希望自己成为一个受人欢迎的人，就要管好你的嘴，做到谨言慎行，给自己说的话留有余地。

一位学生物学的女孩和一位中文系的男生相恋了。两人漫步在林荫道上，小伙子兴致勃勃地念了两句诗："春蚕到死丝方尽，蜡炬成灰泪始干。"他得意之时，姑娘则冷冰冰地说："真可笑！春蚕吐丝作成茧，变成蛹后飞出蛾，它怎么死了呢？"小伙子顿时不快，回敬道："这是古诗，是李商隐的绝作！""那李诗人也是无知。"两人论战得不分上下，最后不欢而散，分道而行。

本来，小伙子吟诗是信手拈来，略带拽文之意。而女孩却不分语言环境和情绪气氛，语言傲慢且偏激，似是讥讽男友，大大地伤了男孩的自尊心和感情，这样的女人怎么能得到男人的爱恋呢？当然，交际中，不懂得把握说话、做事的分寸一般不会造成如此恶劣的结果，但会损害人际关系，疏远人际距离。然而，在制度森严的封建社会，不谙说话、做事之道的人，很有可能为此断送了性命。

魏文帝曹丕对人冷漠无情，心胸狭隘。曹操在位时，鲍勋担任魏郡西部都尉，负责邺城（今河北临漳县）西部的治安。那个时候，曹丕还是太子，他的夫人郭妃之弟触犯了法律，鲍勋便将他依法收捕了。为了此事，曹丕出面求情，但是鲍勋为人清正廉明，拒不答应，依法惩办了郭妃之弟。曹丕对此事一直耿耿于怀，总是想伺机报复鲍勋。

曹丕即位后，鲍勋不仅没有避让风头，反而更加直言不讳地向曹丕进谏。鲍勋因为进谏的方式和措辞过于直接，又几次惹得曹丕勃然大怒。然而，如今的曹丕已经不同于往日了，他掌握着满朝文武的生杀大权，完全可以任意处置鲍勋。

有一次行军宿营，鲍勋担任营中执法官。一天，他的一个朋友来军营探望他，因为军营还没有建好，所以朋友从中抄了近道。按照军规，军营内是不许抄近道的。军营令要以违犯军规的罪名处置鲍勋的那个朋友，鲍勋以营垒刚刚打桩画线、还没有建成为由，为朋友据理力争。

曹丕知道这件事情后，大喜过望，他终于抓住了鲍勋的把柄，因此马上下令道："鲍勋指鹿为马，应交办治罪！"

执法大臣接到命令后非常为难，因为鲍勋自己并没有违反军规，而只是念及朋友情谊保护友人而已，性质根本没有这么严重，更不至于被比成大奸臣赵高呀！曹丕勃然大怒，说道："鲍勋罪该万死，如果你们胆敢袒护他，我就将你们一并治罪！"

事已至此，朝中的一大批元老重臣都认为曹丕未免有公报私仇之嫌，因此全都出面为鲍勋求情，就连主持司法的大臣高柔，也舍身取义地坚决拒绝执行斩处鲍勋的诏命。这下子，曹丕更加生气了，他把高柔召到朝堂软禁起来，亲自出面派遣使臣杀了鲍勋，然后才放了高柔。

在上述事例中，虽然曹丕的确是冷漠无情、心胸狭隘的，但是，鲍勋其实也是有一定的错误的。古人常说，伴君如伴虎，大臣在和帝王相处的时候，一定要讲究方式方法，既要据理力争，也要保全自己的性命。而鲍勋的错误之处恰恰在于他只看到眼前的事情，而没有长远考虑身后的事情，做事情的时候有欠考虑。也许，他至死都不知道曹丕为什么一定要因为这点儿小事而处死自己。

由此可见，在说话、做事时，一定要三思而后行，特别是对地位比自己高的人，在交流和相处的时候更是要谨言慎行，这样才不至于在不知不觉之间给自己惹来杀身之祸。当然，现代社会已然没有了真正意义上的杀身之祸，但是，人在职场，如果因为言行不慎而导致自己失去工作，不也是很可惜吗？

不管面对什么事情或者是人物，在你作出论断的时候，一定要给自己留下余地。对于别人所说的话，我们一定要结合实际情况综合考量，不可片面地主观臆断。在社会上生存，不管是处事还是做人，我们都应该学会给自己留有余地，留条后路，事情不要做得太绝，话也不要说得太满。只有凡事都给自己留有余地，才能在回头的时候有路可走，从而避免彻底失败的命运。

总而言之，人有很多种智慧，然而，真正能够称得上人生智慧的就是给自己留点余地。话说要有弹性，做事要有分寸，凡事都讲究灵活地安排，以使自己回旋的余地更大。否则，一旦被别人抓住把柄，就会在无形之中给自己的人生设置障碍，甚至改变自己的人生轨迹。

张弛有度，生活适当留白

提起五一黄金周和十一黄金周，包括传统节日色彩日益淡化的春节，曾经热衷于在这几个重要节日出行的人们，都不免感到心有余悸。在这几个节日里，似乎全国的人都走出家门、挤到全国著名的景点去看人头了。的确，这种说法非常贴切，就是在看人头。除此之外，我们什么都看不到。正因为如此，近年来有很多人都选择在黄金周出国游，毕竟国外的情况要好一些。但是，在那些世界知名的景点和热门城市，人们在假期前往，也照旧可以看到许多中国人。不得不说，中国人实在是太喜欢热闹，也太追逐人潮了。在这种密集恐惧症患者容易犯病的情况下，真不知道是人看风景，还是风景看人。如果那些风景是有灵魂和思维的，只怕会对人们的这种奇怪举动感到非常好奇和不解吧！所以，现在有很多人选择节假日窝在家里，吃好吃的，看看电视、电影，就在家的周围活动，再也不排队看人了。不得不说，这也是一个非常好的选择。如果条件允许，能够调整假期，选择在大家都上班的时候出行，无疑是更好的。

拥挤的景色，注定是局促的，当我们置身于拥挤的景色中时，我们的人生似乎也变得惶惶然起来。很多喜欢欣赏中国传统水墨画的朋友，都知道水墨画上一定要留白，这样才能更富有意境。同样的道理，我们的人生也如同水墨画，我们也像是大画家在挥笔作画一样在填充自己的人生，必须记住人生并非越饱满、越密集越好；相反，我们也要学会在人生的画布上留白，这样才能让自己的生活张弛有度，从而富有节奏和韵律。

现实生活中，很多女性朋友一旦结婚有了孩子，就会完全失去自我。她们整天在家里照顾和侍弄孩子，蓬头垢面，很快就蜕变成彻底的黄脸婆。实际上，难道人生因为有了孩子的加入，就不能再从容和淡定了吗？细心的女性朋友会发现，有很多女人即便结婚生子，也一样活得高贵优雅。她们并不像大多数女人一样为了照顾孩子而变得手忙脚乱，相反，她们把自己收拾得非常整洁、优雅精致，也把孩子教养得很好。与此同时，她们还能抽出时间和闺蜜一起喝茶聊天，从而让自己的人生变得更加张弛有度。唯有这样的女人，才能活得优雅从容，才能真正经营好人生，经营好婚姻和爱情。

人生不但需要留白，还需要距离，所谓距离产生美，这句话是绝对的真理。很多时候，我们对生活感到厌倦，迫不及待地想要按照别人的游记去惬意地环游世界，有的朋友甚至迫不及待地想要去三毛生活过的沙漠生活。殊不知，环游世界未必总是那么生动有趣、一帆风顺，我们要是真的去了沙漠，也未必能够像三毛一样写出充满浪漫和诗意的《撒哈拉沙漠》。当真的背起行囊去游走人世间时，我们往往会发现最美好的风景并不在于远方。别人笔下的远方和诗意，也并不意味着他们的生活中从未有苟且和不堪。所以，朋友们，要想享受人生，要想从容地面对人生，我们必须学会给人生留白，从而让我们的心灵找到栖息之地。

人都是从众心理，当然，也许有些人只有融入团队或者集体的生活中，和他人保持一致，内心才能安然。然而，人并非流水线生产出来的成品，不可能与他人做到完全一致，反而会与他人彻底不同。在这种情况下，我们与其委曲求全地与他人求同，不如遵从自己的内心，活出属于自己的美好。唯有如此，我们的人生才能更加灿烂，与众不同。

在很多心比天高的人眼中，大多数人的人生都是无法令人满意的。他们不但对自己的人生不满，对他人的人生也同样心怀不满。其实，生活如同一杯白开水，每个人的人生都有着相似的平凡，但是，个中的滋味，只有真正喝水的人才知道。因此，我们与其抱怨生活平淡，千篇一律，不如改变自己墨守成规的心态，从而勇敢地打破旧有的生活，为自己的人生开辟新的天地。

给人生留白，我们还要做到知足常乐。生活中有些人总是很贪心，无法容忍生活有任何的瑕疵和遗憾。但是我们也要认清楚自己，我们是人，而不是无所不能的神。我们唯有接受残酷的生活，才能做到坦然面对，才能真正把生活无限延伸下去，从而张开怀抱拥抱和接纳这个使人欣喜的世界。不管是对别人还是对于自己，我们都决不能以“别处的生活”作为诱饵，欺骗自己或者别人被迫屈从于生活。我们唯有对生活怀着坦然之心，才能尽量做到从容平静、波澜不惊。

第02章

没事不揽事，有事不怕事

人的一生总会遇到这样或那样的事情，有好事也有坏事。但不论如何，只要能够做到没事不揽事，有事不怕事，那么，即使出现任何事情，也难不倒我们。过分操心，主动揽事往往会徒增许多麻烦；而有事了就主动承担，则能体现个人担当。所以，不揽事不怕事是一门哲学，也是一种生活态度。

像向日葵一样，学会适时低头

中国有句古话："世事洞明皆学问，人情练达即文章。"这句话的通俗含义是，对社会上的事都明白了，那就是学问；处理人情事故干练而通达，那就是文章。的确，人的一生无非是做人与处世，我们任何一个人，在离开学校以后，都应该褪去身上的学生气，都要摒弃孩提时代的无知，增添一些世态心，毕竟社会是个复杂的大课堂，也自有它的原则，这是你学校课堂上永远学不到的东西。如果你毫无"城府"，贸然冲撞，就会处处碰壁。适应这种规则并掌握这种规则，皆是左右你人生的大学问，比理论知识更重要也更实际。

小娟毕业不久，就找了一份很让同学羡慕的工作，成为人们羡慕的白领一族。于是，小娟总是开心地、努力地工作着。但她不明白的是，为什么自己越来越受冷落呢？原来，事情就坏在她的一张嘴上。

小娟因为个性活泼，在刚进公司的那一段时间，她一度成为办公室的"开心果"。不过，她不假思索的讲话方式逐渐令人生厌。

有一次，她看到前辈张姐穿了一条漂亮的裙子进门，立即开始赞叹起来："张姐，你的裙子好漂亮哟！"她一看，这是条名牌裙子，就顺便再多说一句，"这条裙子至少要1000多元吧？你还真有钱！"本来笑容满面的张姐，表情顿时添了一份尴尬。

月底，又要发奖金了，会计不小心让小娟看到了王小姐的工资条。小娟立即在办公室宣扬起来："小王啊，你真是有能耐，我们同时进公司的，你的奖金怎么这么多，一万多块，恭喜呀！"公司对每个人的奖金都是保密的，经小娟这么一"恭喜"，王小姐有了一丝不悦。

类似这样的事情很多，久而久之，大家都不敢和小娟多说话了，常常相互议论："小娟很开朗，就是喜欢什么都拿出来说。""还是太小了，不懂事。""不是不懂事，是修养问题呀！"

渐渐地，小娟也不怎么开心了，因为她明显地发现，大家好像不怎么喜欢自己了，自己讲话时，办公室听众少了，就连讲笑话接茬的人都没有了。

祸不单行，最近小娟又惹到老板了——因为公司业务上升，她对加班有了一些不满："老板怎么这么小气，不给我们加班工资？"结果这话很快传进老板耳朵里，她被叫去问话："听说，不给你加班费，你就要罢工了？"

小娟担心被开除，只得连连认错，不过她心里不服，自己哪有要罢工，只不过心直口快而已。

事实上，小娟的确没有做错什么，只是，她忘记了，职场新秀必须得懂得人情世故，尤其是说话，有话不能抢着说，要想着说，办公室交流是必要的，不过一些大家忌讳的东西少说为妙。她的心直口快，刚开始大家能忍受，但没有人希望成为她的话柄，于是，“惹不起躲得起”，小娟就被孤立了。

可见，生活中的人们，为了更好地立于世，我们都有必要学习如何为人处世。除了要管住自己的嘴巴外，我们还需要做到低调为人。低调做人是做人成熟的标志，是保护自己的一种策略，也是为人处世的一种基本素质，我们应该像向日葵一样，在成长的过程中，它们镶嵌着金黄色花瓣的头总是高昂着，但一旦籽粒饱满，它便会低下沉甸甸的头，因为它成熟了、充实了。

有两个气球，一个好大喜功，总想胜人一筹。当看到同伴的个头和它一般大的时候，它很不服气，因此它努力吸更多的空气。为不使同伴超过它，它贪得无厌地吸食着气体，把躯体撑得又肥又胖，皮肤薄得透明，而且光润有泽。就这样，它还不满足，又把自己的气嘴扎紧，怕漏一丝空气。当一只手来压迫它时，它仍不肯松口，结果它不堪重负，“砰”的一声破碎了。而另一只气球，不像同伴那样争强好胜，它吸食的空气并不太多，总是保持在自己能承受的范围内，它的肤色当然不如同伴那么光亮，气嘴扎得也不太紧，当那只手来压迫它时，它就毫不吝啬地释放一些空气，虽然损失了一些空气，但保全了自己。

这个道理同样适用于交际应酬中，低调行事实际上是一种养晦之计，不求争先、不露真相，这种甘为愚钝、甘当弱者的低调行事术，实际上是精于算计的隐蔽。低调是一种智慧，是为人处世的黄金法则，懂得低调的人，必将得到人们的尊重，受到世人的敬仰。

因此，生活中的任何一个人，都要记住这一处世原则，不要让自己成为众矢之的。你是否发现这样一些现象——在生活中，那些工作出色、处处拿第一的人，似乎并没有什么朋友，而那些能力一般的人似乎周围总是不缺朋友。原因何在？因为每个人都不希望自己的朋友强于自己，让自己成为配角，而对于那些抢尽风头的人，他们一般会采取措施来排挤他。

古人云："良贾深藏名虚，君子盛德，容貌若愚。"这句话的意思是：聪明的商人总是隐藏其宝物，君子品德高尚，而外貌却显得愚笨，这就是一种低调，低调做人是非常值得赞赏的一种做人的品格。

在我们的生活中，有一些人因"才高八斗"而自恃才高、居功自傲，结果引来别人的排挤，于是，哀叹"世态炎凉""时运不济"，其实，他们更应该思考的是，自己在做人方面是不是有什么失误。要想获得友谊，赢得良好的人际关系，就要平和待人，切不可自以为是；要想赢得成功，就更要学会低调做人。在这个错综复杂、五彩缤纷的世界上，不同的人有不同的命运，有的人一生乐观豁达、与世无争，他们谦虚好学，平步青云，一路欢乐，让人赞扬和钦佩；而有的人则骄傲自满、处处受阻，最终导致郁郁寡欢，碌碌无为，抱恨终生，遭人非议、鄙视、唾弃。很明显，我们都愿意选择前者。其实，这两种人生境遇的差异，究其原因，是为人"调"不同，低调做人是一种生存的大智，是一种韧性的技巧，是一种做人的美德。

总之，我们每个人都应记住，任何一个人，从踏出校门的那一刻起，就应该褪去身上的学生气，就应该学习一些为人处世之道，人生的路很长，只有稳健地走，才会走得长远，才会最终达到梦想中的那个目的地！

沉默是一种涵养和自我保护

生活中，我们经常听到这样一句话："沉默是金。"对于这句话，我们又有几分了解呢？这不只是一句简单的俗语，更是我们做人做事应该学会的智慧。生活中，有些东西藏在心里便是一种真实，一种深刻，说出来，反而索然无味。我们可能有过这样的感觉：那个与你仅有一面之交便一览无余的人，你会觉得索然无味，因为他说的话太多。而那个一直保持沉默的人，你不仅对他印象深刻，还觉得他有种很神秘的感觉，并产生了探寻他内心世界的愿望。最重要的是，在日常生活中，面对他人的否定、挑衅甚至是言语伤害，沉默更是一种涵养和自我保护的方法。

生活中的人们，你要明白，适当保持沉默是一种成熟和矜持，更是一种庄重和典雅，言语过多、暴露无遗，只会让人看轻你。

“有道德者，绝不泛言；有信义者，必不多言；有才谋者，不发滥言。”“多言取厌，虚言取薄，轻言取侮。”可见，“千言万语”并不是什么好事，沉默才能保护你，一个说话极随便的人，一定没有责任心。话多不如话少，话少不如话好，多言不如多知。多言是虚浮的象征，通常情况下，人们都觉得口头慷慨的人行动一定吝啬。

小刘是个大大咧咧的人，平时话比较多，也比较随意，一不小心就会惹到公司的同事，当然，他都是有口无心的。有一天，他一不小心听到公司那个一直和他作对的同事说他的坏话，心中非常愤慨。

在回家的路上，他装着满肚子的火气，一边生着气，一边想着怎么把这些辱骂的话还回去。走着走着，他无意间走进路边的玩具店，看见两个小女孩指着一个布娃娃评头论足。这个娃娃的造型可能和她们心中想象的差别很大，或者是和她们不喜欢的玩伴的布娃娃一样，反正，她们对布娃娃横挑鼻子竖挑眼的，可是，布娃娃坐在货架上对那些无知的指责无动于衷。

小刘望着那个布娃娃，突然觉得自己滑稽可笑，受点委屈，连一个布娃娃都不如，还算什么男子汉大丈夫！这么一想，满肚子火气一下子不知跑到哪儿去了。

第二天，那个同事已经知道小刘听到他和其他同事的谈话，但小刘一改常态，任何怪罪的意思都没有，那个同事自知惭愧，主动向小刘道歉。

这里，小刘的做法是明智的，在听到同事的辱骂后，原本很气愤的他准备还击，但布娃娃教育了他，从而避免了一场同事间的争吵。身处职场，你可以不去攻击别人，但必须懂得保护自己，沉默就是最好的“隐身术”。如果你遇到小刘这种情况，也应该学会沉默。初入职场，少说多做，能有效地保护自己，而如果同事为了自己的利益恶意攻击你，你的最佳防卫方式就是学会“装聋作哑”、保持沉默，毕竟没有人会自找没趣地和一个聋哑人争斗，因为斗了也是白斗，聋哑人面对任何人的语言攻击都只能以沉默反击。所以，面对挑衅的同事，如果你以沉默来面对他的话，他最多会谩骂几句，然后自己离开。

当然，这里的沉默并不代表默默承受别人的侮辱，而是一种大智若愚。对所遇到的事情，多用眼睛去看，多用耳朵去听，多用脑袋去思考；也并不是没有自己的意见，而是谨慎地得出结论，用不着把所有的都展示在大众的眼前。所以，我们与人交往，要遵循“闭上嘴巴，默默地充实自己”的原则，这样才会多一份深度，少一些冲动，多一些涵养，少一些抱怨！

市场营销专业毕业的女孩婷婷在一家地产公司找到了工作，但她一进这家公司，就遇到了一个刁蛮、好斗的同事，很多同事在被她攻击之后不是辞职就是请调，但婷婷决定，无论怎样，也不要和她起正面冲突。

一天，这位同事的矛头指向了平日只是默默工作、话语不多的婷婷，谁知婷婷只是默默地笑着，一句话没说。

最后，那个好斗的同事主动鸣金收兵，但已气得满脸通红，一句话也说不出来了。

过了两个月，好斗的同事竟然自己主动辞职了，公司好多人都对婷婷刮目相看——一个刚毕业的小姑娘是怎么收服那个刁蛮的泼皮子的呢？

很明显，婷婷采用的就是沉默这一招儿，用“此时无声胜有声”来对付同事的刁难实在是明智之举。如果你也在工作或生活中遇到攻击，你可以一分为二进行如下分析。

如果他是恶意的攻击的话，你可以一笑了之，对此，你不必担心，因为可能他是出于嫉妒的心理，这说明可能你在某些地方做得超乎他的想象，所以对于这一类人你可以不用管他，继续走自己的路，唱自己的歌，做自己应该做的事，完全没有必要采取什么所谓的“报复”，因为报复的代价实在是太高了，最终会伤到自己的，你大可以放心做自己需要做的事。

如果他是出于一片好心对你进行言语攻击的话，就说明你在某方面做得不够好，令他失望了，那你得首先要感谢他，然后反思自己，找出自己的毛病来，并改正，努力做到最好！

面对别人对你的语言攻击，尤其是为了那一类攻击，只要你不生气，就是最好的反击，如果加上微笑，那就更完美了。

其实，在这样一个竞争激烈的社会中，保持沉默也是最明智的生存之法。与人打交道的过程中，少言寡语、多做少说的人会给人一种稳重的感觉，也因此，古代的谦谦君子把沉默是金当作自己的人生信条，“万言万当，不如一默”！

当然，沉默并不意味着永远什么都不说，这要视具体的环境而定。沉默不是怯懦，沉默也不是无能，沉默更不是麻木，沉默是一种大智若愚、一种生存智慧！不应该沉默的时候绝不能沉默！

别太善良，请学会拒绝

生活中，有这样一些人，他们心地善良，对别人的要求总是有求必应，他们情愿自己受委屈，情愿自己牺牲，也要满足别人；当自己有困难的时候，也从不求助于他人；他们宁愿背地里哭泣，也要把欢笑留给别人；如果有人不同意，他会立刻觉得自己的看法是错的。总之，他们最大的“爱好”就是讨好别人，愉悦别人。表面上看，他们是别人眼中的好人，但其实，他们是同情心泛滥，他们害怕因为拒绝别人而影响自己和他人之间的关系，抱着这样的心态，他们对人毫无防备，对于别人的请求更是来者不拒，到最后才发现，原来别人是挖好了“陷阱”让自己跳，悔之而不及。

因此，身为一个社会人，我们必须记住的是，对他人心怀善意是好事，但同情心泛滥则可能会使我们陷入困境之中，所以我们要学会拒绝。

大学一毕业，珠珠就进了现在的这家外贸公司。进公司前，很多朋友包括父母都一再提醒她，做事一定要勤快，对同事要热情，对前辈更要尊重。珠珠深知自己是经过层层选拔进公司的，对这份工作非常珍惜，因此，父母和朋友的话自然“照单全收”了，她下决心要努力做好。

初来乍到的她，对一切都充满好奇，同时也牢记长辈们的叮咛。珠珠从小就性格懦弱，脾气好，因此，只要同事们说几句软话，她就有求必应。“我要去接孩子，真的麻烦你了。”“我今天身体不大舒服，你能帮我值班吗？”于是，珠珠就慢慢地成了办公室的值班专业户，另外，一些杂活儿，如复印文件、搜查资料、买饮料、叫快递……都被珠珠包了，每天，她就在这样的杂事堆里忙碌着。而一直以来，珠珠的待遇还是实习生的标准，后来几次，她尝试着拒绝同事，但同事们的怨言就来了，更有人说她心机重，与刚来的时候不一样了。

同事们的怨言让珠珠很郁闷，好像自己就应该被他们差遣似的。现状让她非常失望，更不知道该如何改变别人已形成的看法，给自己一个转变的空间。她在那里工作了一年半后，依旧无计可施，最终不得不提出了辞职，另谋出路。

珠珠的职场遭遇使我们明白：在职场这个复杂的环境里，最好还是不要做“滥好人”，一旦你成了滥好人，你只有逆来顺受地接受同事的所有要求，成为办公室的勤杂工，你要想改变这种现状，唯一办法就是——辞职、另谋出路，这也是珠珠后来的选择。

从珠珠的经历中，我们得出一点结论——与人打交道，即使你心地善良，也要收起泛滥的同情心，只有学会拒绝别人，才能有效地保护自己。可能你会产生疑问：如何拒绝才能不伤

害彼此感情呢？其实，学会拒绝，并不是一件难事。我们先来看下面的一则案例;

陈鹏是一名部门主管，当初公司把他调到这个部门的时候，他就不大乐意，因为他早有耳闻，这个部门的前任主管在管理团队的时候喜欢事必躬亲，什么都为手下安排得妥妥当当，喜欢当老好人，部门大事小事总是一把抓，以致此部门员工没有得到很好的工作历练，因此，他们在公司所有部门的员工中是能力最弱的。但既然公司已经下达了指令，陈鹏只好硬着头皮上了，他也有志于改善部门状况。

陈鹏走马上任的第一天，秘书小林就对陈鹏说："主管，我之前没有做过这类的报表，你帮我做一下吧。"

听到这话，陈鹏觉得很诧异，做报表在公司一直都是秘书的本职工作，小林的请求实在是太过分了，他很生气，但一想到，要是第一次就这么严厉地对待员工的请求，势必会让自己在下属心中留下不好的印象，因此，他对小林说："不好意思啊，今天我刚来，事情太多了，等忙完这周的话，你再把数据表拿来。"

一听到陈鹏这么说，小林心想，这份报表周五前必须交到公司财务部，哪里还等得到下周？于是，她只好自己去处理了。

这招果然奏效，后来，陈鹏用同样的方法摆平了很多下属的请求。

案例中的主管陈鹏可谓是一片苦心，为了让下属尽快成长起来，他绝不插手下属工作，于是，面对秘书的工作求助，他采取了拖延的策略加以拒绝。这种心理策略很简单——对于你不想答应的请求，你完全用不着下决定，用不着点头或者摇头，而只需要让来请求你的人迟些再来。例如，你可以说："我的任务现在排得满满的，你能不能两个星期以后再来找我？"如果这个人不错的话，他会把两星期后再来找你这件事加进自己的备忘录里。要是这人不地道，他肯定早把你忘了。有的时候，如果你连着拖延了两回，那个人就会放弃。

其实，拒绝别人或被别人拒绝，是我们每个人一生中每天都可能经历的事情。这是人生中非常真实的一面，谁都会有这样的经历，朋友、同事，甚至领导都会来找你帮忙，但有时他们所提出的要求是你没有能力或不愿意去做的，此时，我们就要学会拒绝他们的请求。当然，拒绝绝非简单地说"不行"，而要阐明不行的理由，让对方知道你的难处，从而理解你。这样你才不会因为拒绝对方而得罪对方，不至于影响你们之间的交情。

总之，我们需要记住的是，防人之心不可无，有些事情，你拒绝了，你就远离了危险；你接受了，你可能就给自己埋下了祸根。因此，为了保护自己，你必须懂得拒绝别人。

对谣言最大的蔑视是不理睬

有人说，对谣言最大的蔑视就是不理睬。什么是谣言？谣言是利用各种渠道传播的对公众感兴趣的事物、事件或问题的未经证实的阐述或诠释。根据此定义，谣言并没有真假之分，因为那是未经证实的信息。

但在现实生活中，有些流言在传播过程中常常会变样，这主要是接收者和传播者的记忆错误所导致，而更重要的是有的人在传播谣言的过程中会有意或无意地加上自己的主观色彩。最后，本来只是一件小事，但经过一番添油加醋，小事变成了大事，于是，各种流言、谣言也闻风四起。

或者，简单地说，谣言根本是毫无根据的、猜测出来的语言，如果你还有些理智，就应该对谣言采取置之不理的态度，因为你没有理睬谣言的时间。

在生活中，人们总是喜欢玩这样一种游戏——传话。这个游戏基本上大家都会玩，当一个人说出一句话，如“某某今天在酒店吃饭”，经过其他人的传播，不出五个人，估计这句话在口水的发酵作用下就会变成“某某与某某在酒店约会”。其实，生活中大部分的谣言都来自这样自觉或不自觉的传话游戏。

也许，有时候我们也会陷入谣言的旋涡中，或者成为某件桃色新闻的主人公，这时，我们该怎么办呢？若是据理力争，恐怕你是有嘴说不清；生气愤怒，只会让那些谣言传播者更嚣张；伤心难过，反而会耽误自己正在做的正事。无论我们采取什么样的行动，到最后受伤的都是自己，因此，听到谣言，不用理睬，该做什么事情就去做什么事情，因为你没有理睬谣言的时间。

晓晴有了新电影出炉，她也陆续到各地参加宣传活动。在许多人看来，这个有着美丽外表和甜美笑容的女演员总像是游离在演艺圈之外。当然，晓晴这种超然态度也使得传闻四起，包养、傍大款等谣言接踵而来。

有记者问道："在外界看来，你的生活比较低调，也不怎么出席活动，为什么？"晓晴回答说："这是性格使然，拍戏是我的兴趣爱好，其他演员之外的事情我不太享受，我更看重旅游、和家人一起。"记者紧紧追问："可能是因为你低调，外界会有很多关于你的谣言，如包养这样的负面消息，你怎么来应付这些东西？"

听了记者的话，晓晴笑了笑，回答说："不同人就会有不同的声音，除了我的朋友和合作伙伴，有多少人真正了解我呢？观众会通过你的角色来判断，我可能在电视剧里扮演了一个坏女人，许多人就会以为我生活中也是这样。其实，谣言和传闻都是有生命期限的，最大的蔑视就是不予理睬，如果真的想去解释，相信我的人不需要，不相信我的人再解释也没用，他们甚至会强化这个谣言。再说，我的档期排得很满，根本没有时间来理睬那些所谓的谣言，我会用实际工作来告诉人们，我是怎么样的一个人。而且，我相信，那些谣言和传闻终有不攻自破的那一天。”

面对谣言该怎么办呢？晓晴的话，或许就是最好的答案。所谓“身正不怕影子斜”，自己做好自己职责之内的事情，又何须担心那么多呢！而且，很多事情，做比说更有说服力，你越是解释，只会越描越黑，到最后，就连你自己也搞不清楚自己到底有没有做过谣言中所提到的事情。更何况，在谣言四起的时候，相信你有更重要的事情需要做，比起那些事情，谣言对你而言就像是一阵刮过的风，不会影响你丝毫。与其想办法击破谣言，不如想办法干一些更有说服力的事情，这样，谣言才会不攻自破。

《荀子·大略》：“流丸止于瓯臾，流言止于智者。”意思是说，滚动的珠子会被碗边那样的上坡逼停，没有根据的话，传到有头脑的人那里就不能再流传了，因为其中的语言经不起分析。简单地说，谣言也是有生命的，当它经不起现实分析的时候，它就会自然地消失。因此，作为当事人，你不必担心谣言对自己造成的影响，还是该干什么就干什么，不要理睬谣言，因为你根本就没有那个工夫。

面对同一件事，不同的人有不同的看法，这是因为人们评价一件事情的标准不一样。有可能你正在做的事情，是不被人们所认可的，这时，谣言就会不可避免地产生。

因此，如果你真的觉得自己干的事情是正确的，值得去做，那就放开手去做，不要被任何人的意见和观点所束缚。有一句流行语是这样说的："走自己的路，让别人说去吧！"清者自清，用你的实际行动向人们证明你是对的。

一切的烦恼其实都是自寻烦恼

曾经，有位心理学家为了研究人们为什么烦恼，做了一个非常有趣的实验。他安排实验对象在一个周日的晚上写下心中对于未来一周的忧虑，然后签名，放到"烦恼箱"中。等到一周的时间过去，心理学家再次召集实验对象，然后打开箱子让他们认领自己的烦恼。结果，这些人曾经为其忧心忡忡的烦恼，在一周之中并没有真正发生。随后，心理学家再次让他们把之前一周时间里真正发生的烦恼写下来，然后再将其投入"烦恼箱"。这次，足足等到三周之后，心理学家才再次打开箱子，让实验对象分别认领自己的烦恼。结果，奇迹发生了，他们发现曾经困扰他们的那些事情在三周之后全都变得微不足道。而且，在这三周的时间里，实验对象的生活并没有本质上的改变，虽然他们为了曾经的烦恼忧心忡忡、郁郁寡欢。这个实验告诉我们一个深刻的道理：很多你所担心的事情并不会真正发生，很多你以为无法抗拒的烦恼也不会真的对你的生活产生实质性的影响。所以，我们的很多烦恼其实都是杞人忧天，我们原本可以生活得更快乐。

朋友们，看完这个实验，你们是否知道自己的烦恼从何而来了呢？正如人们常说的，时间是治愈一切心灵伤痛的良药。别说是小小的烦恼了，就算是人生中遭遇再大的伤痛，也终究会被时间抚平。既然如此，我们为何还要自寻烦恼呢！

曾经，有个老人坐在街边晒太阳，有人问他："明天天气怎么样？"

老人低下脑袋，毫不迟疑地说："一定是我喜欢的天气。"听到老人的话，那个人以为老人肯定知道天气情况，因而接着问："明天会是晴空万里吗？"

不想，老人却把头摇得如同拨浪鼓一样，说："我不确定。"

那个人以为自己猜错了，因而接着问："明天难道有雨吗?

老人再次把头摇得像拨浪鼓："我也不清楚。"

见此情形，那个人着急地说："那么，你到底喜欢什么样的天气呢？"

老人回答："我早就知道自己无法控制天气，因此，无论明天天气如何，我都会很喜欢。"

在NBA历史上，身高仅仅一米六的博格斯无疑是最矮的职业篮球运动员。就算对于普通人而言，一米六的身高也是很难接受的硬伤，不过，博格斯最终成为篮球运动员，不得不说，他创造了篮球运动史上的奇迹。这一切，都因为他能够坦然接受身材矮小的事实，并能够极力通过后天的努力弥补自身的缺陷和不足。凭借如此豁达和坦然的态度，他最终跻身于NBA高手林立的球星之列。

对于自己的身高，博格斯也曾被很多人询问，他都直言不讳地说："我确实太矮了，很艰难地才为自己在高水平的职业篮球赛中博得了一席之地。我坚信，只要是在篮球方面有才华的人，就可以和那些高个子一样打出精彩。"可想而知，为了让自己的篮球梦想变成现实，博格斯付出了比常人更多的辛苦和努力。他知道自己身材矮小，因此发挥自己灵活的优势，让自己跑得快一些，更快一些。最终，博格斯成为NBA最优秀的防守队员之一。

在第一个事例中，老人无疑充满智慧。的确，在这个世界上，我们作为渺小的人类力量有限，大自然那么神奇伟大，有很多东西都是我们无力改变的。如果你因为阴雨连绵而抱怨，那么你除了心情越来越糟糕之外，根本得不到任何好处，因为天气不会因为你的抱怨就变得晴朗。再如，你因为政府规定要拆迁感到忧愁，因为你不想搬家；尽管规定也是人制定的，但是你根本无法改变政府的规定，所以除了积极地寻找去处之外，你还能做什么呢？生活中，诸如此类的事情还有很多，假如我们总是为此烦恼，就是真正的自寻烦恼。真正聪明明智的人，会努力改变自身的心态，调整自己的态度，从而积极地回应这些改变。

在第二个事例中，博格斯以一米六的身高成为一名出色的球员，无疑非常成功。然而，需要注意的是，他依靠的不仅是好运，更重要的是他能够端正心态面对自己的缺陷，所以才能不遗余力地发挥自己的长处，弥补自身的缺陷，从而实现自己的梦想。

卡耐基曾经说过，人生路上总会遭遇各种坎坷挫折，其中有很多都是我们无法改变的。在这种情况下，我们必须勇敢地接受它、面对它，从而找机会改变窘境。这是聪明者的所为。而那些愚蠢的人，或者逃避困难，或者因为不停地焦虑陷入烦恼之中，这都是让人遗憾的结果。朋友们，把苦难当成人生的常态吧，端正态度，这样你才能坦然面对人生的风风雨雨，始终保持着积极乐观的心。

第03章

懂得舍弃的道理，舍弃有时候也是得到

从小到大，我们所受的教育都是如何努力、如何坚持、如何永不言弃，然而，生活哪有这么容易，鱼和熊掌又如何能够兼得，哪怕我们付出再多的坚持。因此，在人生的路途上，我们要善于舍弃，舍弃有时候也是得到。

得失之间，尽显远见的智慧

我们都知道，得与失是一个对立面，人们都希望得到而害怕失去，这是人们常有的心态。然而，“人生充满得失。”世事难料，因为任何事情都有一个变化发展的过程，此刻你不如意并不代表你一生不幸，此时你满面春风并不代表你一生顺利。因此，我们应该学会舍得。舍得，并不意味着失去，因为你舍弃的时候，其实也是你得到的时候。如果你想在某个领域取得成就，你就必须舍去一些玩乐的时间；如果你想拥抱大自然、就必须舍去舒服的办公椅；如果你想获得一份真诚的爱，你就必须舍去自私。我们先来看看下面的小故事：

大概每天傍晚时，纽约市的中心公园里，总会飞驰过一辆豪华轿车。当然，车里坐的不仅是司机，还有一位纽约市无人不晓的富翁。富翁是个细心的人，他注意到，在这座公园的角落里，有个乞丐，他的眼神从来没有离开过自己住的豪华酒店。

这天，富翁闲来无事，想到了这个乞丐，他便下了车，来到这个乞丐面前。

“请问，你为什么每天都会盯着我住的酒店看呢？”富翁很有礼貌地问。

“先生，我在想，要是我能住在这样的酒店该有多好！”

富翁对他的梦想很有兴趣，然后，他说：“今晚你一定能如梦以偿。我将为你在旅馆租一间最好的房间，并付一月房费。”

过了几天，富翁来到这个乞丐所住房间，想看看乞丐住得是否满意。但谁知道，乞丐已经离开了，他朝窗外看了看，乞丐已经回到了公园的长椅上。

富翁径直走到公园，想问问乞丐为什么这么做，乞丐的回答是这样的：“原先我睡在公园长椅上时，我夜里做梦，会梦见自己住在豪华酒店里，这样的梦太美了。而真当我住在豪华酒店里时，我的梦却反了，我梦到的是自己睡在公园长椅上，忍受着寒冷的侵袭。这太可怕了，我根本睡不好。”

是啊，贫穷与富裕的生活，都有它的得失，每一种生活都有它的得与失，正如俗话所说：“醒着有得有失，睡下有失有得。”所以，我们不但应该正视人生的得失，还应该看清楚舍与得之间的关系，人们常说“有舍就有得”，舍去的，就不要过分执着，也许，下一刻将会有另外一份惊喜等着你。

另外，在我们的生活中，不少人也将“舍得”的智慧运用到了商业、人际之中，因为他们深知“舍不得孩子套不着狼”的道理。的确，天下没有免费的午餐，我们若希望获得某种重要的东西，要么通过自己的努力得到，要么就用现在所拥有的去交换，关于后者，就需要我们做到舍得。因为鱼与熊掌不可兼得，而智慧的人多半会权衡利弊得失，最终作出正确的选择。

犹太人罗斯柴尔德是一个很精明的商人。多年的生意经验让他十分清楚地意识到，要在这个犹太人备受歧视的社会里脱颖而出，最有效的办法就是接近手握巨大权势的领主并博得其欢心。

好不容易，他被通知当地领主愿意接见他。这是个难得的机会，他觉得自己一定要把握住。为此，他不但把花了很多心血和高价收集的古钱币以低得离奇的价格卖给公爵，同时还极力帮助公爵收古币，经常为他介绍一些能够使其获得数倍利润的顾客，不遗余力地帮公爵赚钱。

如此一来，公爵不但从买卖中尝到了很多甜头，对古钱币的兴趣也越来越浓。罗斯柴尔德和他的关系逐渐演变为带有伙伴意味的长期关系，远非普通的买卖关系。

罗斯柴尔德是个舍得下血本的人。他为了实现长期战略，宁可舍弃眼前的小利。这种把金钱、心血和精力彻底投注于某个特定人物的做法，日后便成为罗斯柴尔德家族的一种基本战略。如若遇到了诸如贵族、领主、大金融家等具有巨大潜在利益的人物，他们就甘愿作出巨大的牺牲与之打交道，为之提供情报，献上热忱的服务；等到双方建立起无法动摇的深厚关系之后，他们再从这类强权者身上获得更大的收益。如果说一两次的“舍本大减价”一般人也可能做得到的话，罗斯柴尔德这种一直“舍本”帮助别人赚钱的做法不能不说是难能可贵的。虽然他得以在宫廷出出进进，但自己在经济上仍然相当拮据。

在罗斯柴尔德25岁那年，他获得了“宫廷御用商人”的头衔。罗斯柴尔德的策略奏效了。

我们发现，犹太商人罗斯柴尔德很聪明，他懂得放长线钓大鱼、舍小利获大利，这也是成功的犹太商人的生意经。

的确，俗话说“先做朋友后做生意”，为了做成大生意，我们有必要在做生意前先为对方付出，甚至应当适当舍弃一些利益。例如，在你的客户生日那天，你不但应送上祝福，还应通过赠送一些小礼物来表达你真诚的谢意和良好的祝愿，以增进与客户间的感情，建立更加亲密的关系。

有“舍”就会有“得”，然而，我们不能忽视了“舍得”的真正要义，舍并不是轻易地放弃，而是在前方已经无路可走的情况下果断地回头，这是一种做人做事的智慧。

的确，真正的强者，该舍弃的时候会果断放下。只有舍弃了，才会有新的开始，才会有更多获得成功机会，有些无谓的坚持是没有任何意义的。但这并不是说我们要随意丢弃。

总之，我们应该理解舍得的真正含义，为人做事，要择善而行，尽自己最大的努力，在无路可走的情况下，要学会悬崖勒马，果断舍弃，这样才能找到新的出口，才能收获满满的人生！

不计较，吃点亏也不是什么坏事

自古以来，很多人都把吃亏是福挂在嘴边上。的确，人人都知道吃亏是福的道理，但是没有几个人能够真心认可并真正做到吃亏是福。似乎是出于本能，一旦吃亏，大多数人都会作出必然的暴怒反应。要记得，还有一位名人说过，生气是拿别人的错误惩罚自己，因而，当你因为他人的自私自利而吃亏时，如果再生气，就会损失更多。所谓气大伤身，身体健康一旦遭到损害，就更加得不偿失。当我们明白这个道理后，就不会动不动就因为他人的过错而生气，更不会因为他人的错误而惩罚自己。

当我们真正做到了吃亏是福时，我们就能提升自己的精神境界，坦然接受生活中形形色色的人，并且与他们友好相处。早在两千多年前，大圣人孔子就曾说过，“以德报德，以直报怨”。这无疑是在告诉我们，我们应该善待那些对我们好的人，这样才能彼此交好。至于对我们不好的那些人，我们则无须把他们的坏处牢记心上，而应该宽容地对待他们，既不必刻意讨好他们，也不必刻意对他们不好，只要像对待普通人那样对待他们就行了。随着时间的流转，人们渐渐衍生出“以德报怨”的表达。所谓以德报怨，就是对于那些对你曾经不好的人，你也要对他们好。这样，你才能真正打动他们的心，融化他们心中的坚冰，从而与他们交好。所谓多个朋友多条路，这样总比你多个敌人多堵墙来得更好吧！

大多数情况下，人们的胸怀并不够宽阔。因而，很多人在生活中奉行以牙还牙、以眼还眼的社交策略。对此，我们只想说，以牙还牙固然能够帮你消散一时的气愤，但是从长远来看，很容易让你们陷入彼此怨恨之中，进而产生恶性循环。所谓冤冤相报何时了，尤其是在这个讲究和平与和谐的人际关系的年代，如果你处处给自己设置障碍，那么你的人生就会随时随地遭到局限，根本无法从容地发展下去。当然，这是从理智的角度进行的分析。如果从感情的角度来说，你不原谅他人，他人也不原谅你，最终的结果就是你一看到他人就生气，则你们彼此都不痛快。而你仇视也许并不会给对方带来任何不快，相反，只会给你的生活造成极大的困扰。因而，我们说，如果你想要得到一个人的好，尤其是一个曾经伤害过你的人的好，你首先应该主动表现出对他人的好。这样，你既占据了主动，也为自己赢得了先机，何乐而不为呢？

在办公室里，王姐俨然是大姐大。她不但工作年限长，工作经验多，而且很有人缘。但是让人疑惑的是，王姐唯独对新来的小丽看不顺眼。不管小丽做什么，作为办公室主任的王姐，都能鸡蛋里挑骨头，挑出小丽的刺来。对此，小丽郁闷极了，甚至产生了辞职的念头。然而，工作很难找，她又不想轻易失去这份工作。思来想去，她找到职场达人——大师姐寻找对策。大师姐弄清楚事情的来龙去脉之后，说："其实没什么，因为你是新人，所以难免犯错。我觉得，你作为一个新人，当然没有资本要求办公室主任、大姐大主动对你好。所以，我的对策就是，你主动对她好。所谓伸手不打笑脸人，只要你处处尊重王姐，给足王姐面子，相信王姐很快就会对你改变态度的。"

小丽觉得大师姐的话很有道理，因而一改看到王姐就如同老鼠见了猫一样的模样，而是努力给自己鼓劲，让自己落落大方地面对王姐。有一次，办公室里恰巧只有小丽和王姐在。小丽冲了一杯咖啡，也为王姐冲了一杯。她还笑着对王姐说："王姐，我觉得办公室里就你最时尚，而且有气质。你看看，我就是个农村来的土丫头，别说没钱买漂亮衣服，就算有钱，也不会搭配。我总觉得你每天都穿得特别漂亮得体，而且把你衬托得特别高贵。"听了小丽的话，王姐笑得合不拢嘴，说："你这个丫头平时看着不爱说话，一张嘴还真是招人喜欢啊！其实，衣服只要搭配好，贵不贵倒是其次。"小丽羡慕地说："那也是好衣服更容易穿搭啊，反正，人靠衣裳，衣裳也靠人呢！我就觉得你穿的每件衣服都特别高档。"很快，小丽就与王姐谈笑风生起来。从此之后，王姐对于小丽的态度渐渐改变，小丽在工作上也越来越顺利了。

在职场上，最重要的就是搞好人际关系。如果人际关系不好，则会影响工作。如此一来，职业生涯也必然受到影响。在这个事例中，小丽虽然知道王姐看她不顺眼，还处处找碴儿，但是并没有刻意地与王姐对着干，而是在大师姐的点拨下主动向王姐示好。果然，大师姐不愧是职场社交的达人，她一句“伸手不打笑脸人”就点醒了小丽。小丽赶紧遵照大师姐的指示，先与王姐聊起来，再慢慢对王姐示好。如此一来，只怕王姐再也不好意思和小丽过不去了。

如果没有利益的冲突，职场上的每个人之间，都应该是友好的合作关系。对于有利益纷争的同事而言，搞好关系就显得更加重要。毕竟，同事之间要谋求长远，而不能为了眼前的蝇头小利失去原则和方向。对于我们来说，不管是在金钱上吃点儿亏，还是在精神上和感情上吃点儿亏，如果能够发自内心地坦然接受，一定能让人际关系得到极大的改善。

远行的路，轻装而行

曾经有位哲人说：“当我们前行的时候，需要放下重负，让自己的心变得轻盈，这样才能更好地前行。”重负，有可能是我们心灵上的包袱，也有可能是我们肩膀上的负重，但不论是哪里存在的负担，都将阻碍我们继续前行，甚至会让我们的身心疲惫不堪。在人生的道路上，有的人因为负荷太重而步履维艰，有的人因为欲壑难填而疲于奔命，有的人因为深陷其中而难以自拔。

如果你想要所走的每一步充实而轻盈，那么，你应适时放下一些重负，让自己的人变得轻盈。生命如舟，载不动太多的物欲和虚荣，假如你不想生命之舟搁浅或者沉没，那就应该放下重负，让自己轻松前行。

小宋从小就喜欢画画，经常拿着笔在墙上、报纸上涂抹着，妈妈看见了，就把他送到了美术班里学习。长大后的小宋更加喜欢绘画了，高考那年，他费尽口舌说服了妈妈，同意自己报考美术学院。在大学里，小宋描画着自己的蓝图——他会坚持下去，通过画画挣钱来让妈妈幸福。

大学毕业后，小宋开始找工作了。他整天奔波于各家报社，希望能够成为报社的一名美术编辑，可是，各家报社的总编都以种种理由拒绝了他的求职申请。在多次碰壁之后，他绝望了，本来希望通过自己的一技之长来给妈妈幸福的生活，却发现社会根本没有自己的容身之地，养活自己都很困难。在现实的残酷打击下，他越加颓废了，妈妈心疼地说：“你既然那么喜欢画画，不如自己开一间画室吧！”小宋听了，觉得心里很难受，当初是想通过找份工作继续自己的绘画创作，现在却需要自己的这份才华去养家糊口。这样一种矛盾的心理一直在纠结着，这让小宋觉得自己身上好像背负了一块大石头。

思索了很久，小宋决定放下心中的重负，自己开一间画室。于是，他向亲戚朋友借了十几万，再加上妈妈的积蓄，开了一间属于自己的画室，既教小朋友画画，也出售自己的作品。几年之后，小宋的画室成为这个城市有名的美术培训学校，他不仅还清了所有的欠债，还拥有了自己的房子、车子和存折上不小的数字，当初对妈妈许下的承诺也实现了。他每天教画之余，用心地专研自己的作品，也逐渐提高了自己的绘画水平，在美术界里，也渐渐有了名气。

对于绝大多数人而言，面对沉重的负荷，以及自己梦想得到的东西，他们无法放手，他们会本能地抓住那些东西，唯恐失去。在难以割舍之下，如果真的失去了，他们就会为得不到而烦恼、郁郁寡欢。小宋适时放下心中的重负，既解决了眼前的生活问题，也为自己实现梦想奠定了基础。

曾经有个人，他总埋怨生活的压力太大，生活的担子太重，他觉得很累，自己被压得透不过气来。他听人说，哲人柏拉图可以帮助别人解决问题。于是，他便去请教柏拉图。柏拉图听完了他的故事，给了他一个空篓子，说：“背起这个篓子，朝山顶去。你每走一步，都必须捡起一块石头放进篓子里。等你到了山顶的时候，你自然会知道解救你自己的方法。去吧！去找寻你的答案吧……”于是，年轻人开始了他寻找答案的旅程！

刚上路时，他精力充沛，一路上蹦蹦跳跳，把自己认为最好的、最美的石头都一个一个扔进篓子里。每扔进一个，他便觉得自己拥有了一件世上最美丽的东西，很充实，很快乐。于是，他在欢笑嬉戏中走完了三分之一的旅程。可是，空篓子里的石头多了起来，也渐渐重了起来。他感到篓子在肩上越来越沉。但他很执着，仍一如既往地前进。

而最后三分之一的旅程确实是让他吃尽了苦头。他已经无暇顾及那些世界上最美丽、最惹人怜爱的石头了。为了不让沉重的篓子变得更重，他毅然舍弃了这些，只是挑选了些非常轻的石头放进篓子。他深知，这样的舍弃是必要的。然而，无论他挑多轻的石头放入篓子，篓子的重量也丝毫不会减少，它只会加重，再加重，直到他无力承受。但最后，他还是背着篓子，艰难地走完了这最后的三分之一的旅程。

俗话说：“远路无轻物。”在人生的道路上，如果我们需要负重前行，越行越远的时候，我们会感到举步维艰，虽然会抱怨自己怎么会选择了这么多东西，但还是不舍得放手。直至终点，打开担子，我们才发现：那些曾经我们以为舍不掉的东西，现在对我们而言却是无用的东西。

有时候，心灵的重负才是真正阻碍我们前行的绊脚石，如果我们总是纠结于内心，无法放下某些欲望，那我们是难以保持轻松的姿态前行的。因此，不要纠结于自己的内心，让不堪重负的心灵变得轻盈起来。

当我们无法坚持的时候，放下也是一种智慧。生活中需要我们坚持的东西太多，以至于我们承受不了现实给我们的压力，因此，不妨学会放下一些东西，这是一种生存的智慧。只有放下了某些东西，你才会重新得到一些东西。

远离心魔，人生不必太执着

在很多时候，过分执着并不是一个好品质。它就像是一个魔咒，一点点地禁锢着我们的身心，似乎我们不朝着之前的方向继续下去就对不起良心。执着本身是一种可贵的品质，但凡事都有一定的限度，“执着”也是一样，适当的执着会体现出我们个人的魅力，同时也可以让问题变得更简单一点。但若是不顾一切地执着、太过分地执着，则会不自觉地将自己的身心束缚，使得我们总是放不下，总是不愿意放弃，只是固执地朝着一个方向前进，不管前面是康光大道，还是死胡同。甚至，这样的坚持是无谓的，如果我们最终闯入的不过是死胡同，那么，这样执着的后果也是可悲的。

虽然，对生活执着，是一种坚定的信念；对工作执着，是一种精神的寄托；对爱情执着，是一种人生的美丽。但若是应该放弃时不放手，就会使自己不堪负重而活得很累，甚至有可能走向另外一种悲惨的结局，同时也让自己身心疲惫。

生活中，有的人活得像小河里的溪水，虽然平静无波，却有顽强的生命力和战斗力，它能够经受暴风骤雨的侵害，也可以坦然面对夏日骄阳的炙烤，它从来不在乎世界会有那么多的变化。一个人活着也是一样，人要有信念，但不能过分执着，不能与生命较真，不妨学会顺其自然，对生命中的意外和阻挠不必过于强求，也许，这样方能阻止自己生命的脚步过快地到达终点。

人的一生就好像花开花落，周而复始，没有什么花是永远不凋谢的，对待上天的安排，我们应该顺其自然，千万不能太过于执着，太较真是一种疼痛、一种心魔，它不断侵蚀我们内心简单的快乐，最后，我们只能满身疲惫地倒下。

王大爷年轻时是村里的干部，后来因为违反了计划生育政策，他被迫离职了。离职的时候，他已经快五十了，在那一瞬间，他觉得生活好像没有了希望，他一直不肯承认自己竟然变成了跟隔壁大婶一样的百姓，觉得自己还是支部书记。他秉持着这种执着的心态，经常去政府与上级领导说话，说自己的苦闷，说自己的无所事事，说自己的孩子上学没学费，希望领导能给自己解决。领导无奈："你现在已经离职了，不是干部了，这些事情你自己能解决的就自己解决，自己不能解决的，就找你们村里的干部。"王大爷固执地说："我不相信他们，我只相信我自己当干部的能力。"王大爷常去政府闹，刚开始大家还看在他是老干部的分儿上跟他聊聊，但时间长了，大家都清楚了他的脾性，晓得他很执着，于是能躲就躲，能避开就避开。

在平时的生活中，王大爷总是对自己被迫离职的事情耿耿于怀、十分较真，他在家里动不动就说："如果我现在还是村里的干部，那村里现在肯定不是这样子。"家里人都开始厌烦他的唠叨了，老伴没好气地说："你在执着什么？你现在已经是平民百姓了，就应该是百姓的样子，有什么放不下的，有什么解不开的心结？简直是自己折磨自己。"其实，王大爷确实陷入一个怪圈，他越执着于自己被迫离职的事情，他就越痛苦，想想之前的辉煌日子，想想现在平凡的自己，越想越不是滋味，搞得自己身心疲惫。

王大爷放不下的是内心的执着，而不是其他，因此他总是觉得过得很痛苦。如果他真的放下了内心过分的执着，以正常的心态回归到一个平民老头的身份，他会觉得生活依然充满阳光。有些事情既然已经发生了、毫无回旋的余地了，我们就要学会接受，而不能过于执着，过分执着只会让自己更加疲惫，不如放松身心，给自己一个舒适的心灵环境。

人生需要有信念，这样我们的生命才有前进的方向。但是，信念只有在与我们自己合拍的时候才能更好地发挥出引航员的作用。

如果我们希望与别人合作，且已经明确地表达清楚自己的意图，而对方却毫无回应，在这样的情况下，与其继续留下来攻坚，把时间花在啃掉这块硬骨头上，不如转身离去，把精力用来寻找新的目标。每个人做事都有自己的理由，放弃攻坚是对别人的尊重，也是一种明智的选择。大量事实表明，第一次不能成功的事情，以后成功的概率也是很小的，纠缠下去只会惹人厌烦，这样并没有什么意义，与其把百分之八十的精力耗在百分这二十的希望上，不如以百分之二十的精力去寻找新的目标，说不定还有百分之八十的希望。

因此，在人生的路途中，我们要适时修葺自己的信念，让它与自己合拍，对于某些不切实际的想法，我们不应太较真、太执着，而应学会放弃，适时找到适合自己的人生信念，这样我们的生命才会更加绚丽灿烂。

只有看开了，才能真正地放下

爱迪生说："没有放弃就没有选择，没有选择就没有发展。"生命并不是只有一处灿烂辉煌，学会包容过去，融通未来，创造人生新的春天，人生将更加明媚和迷人。对于人生中的种种，既然拿得起，就应该懂得放下，对于自己的过去，大可不必耿耿于怀，是好是坏都已经成为过去，且把它看作一张白纸，放下了，心中就没有了埋怨与不满，生活的一切都会顺利平稳。

假如我们认为人来到这个世界是应该有所作为的，那就更需要重视自己的存在。因为每个人的生命是伟大的、富有创造力的，只是我们经常会忽略这一点。在生活中，从来不缺乏体验与成长的机会，即使身处绝境，不也正是开辟新大地的大好时机吗？当我们不堪负重的时候，就应该学会放下，而不较真纠缠于其中，只有这样，我们才有力气继续前行。

宋朝的吕蒙正，被皇帝任命为宰相，任职后第一次上朝，忽然人群里竟有人大声讽刺他说："哈哈哈，这种模样的人，也能入朝为相啊？"而吕蒙正却像没有听见一样，继续往前走。然而，跟随在他后边的几个官员为他鸣起不平来，拉住他的衣角，非要帮他查查到底是谁竟然如此大胆，敢在朝堂上讽刺刚上任的宰相。

吕蒙正推开众人，说："谢谢大家的好意。我为什么要知道是谁在说我呢？一旦知道了，一生都放不下，往后还怎么处事？"

在人生的旅途中，遇到大的挫折与大的灾难时，可以不为之所动，可以坦然承受之，这就是一种肚量。禅宗以大肚能容天下之事为乐事，这便是一种很高的境界。对于生活中的种种，既来之，则安之，便是一种超脱，不过，这种超脱需要经过多年的磨炼才能养成。拿得起，实在可贵；放得下，方是人生处世之真谛。

吕蒙正善识人，所举荐的人，后来无不成为国家的栋梁，而他最大的特点就是，一旦用了某人，便不再用自己的权力来约束其才能的发挥，做宰相期间，他一直以"无为而治"作为自己的施政方针。所以，有一天，他的两个儿子愤愤不平地对他说："爸爸，外面都传说你无能，你做宰相，权力怎么能都被别人分夺去了呢？"吕蒙正听了，哈哈大笑说："我哪有什么能耐啊？皇上不就是看我善于识人才提拔我当宰相的吗？我当宰相就是为了给国家物色有能力办事的人，我要权力干什么啊？"

一个弟子问老师："如何才能成佛？"大师回答说："放

下！放下你的一切执着于成佛的念头，放下你的总是执着于成佛的那颗心。”善画者留白，善乐者希声，养心者留空。生活中，人们往往是拿得起、放不下，因为较真，他们难以放下各种欲望。其实，放下是一种智慧，它作为生存之态，是化繁后的睿智，是画龙后的点睛，是深刻后的平和。正如美国作家梭罗所说：“一个人越是有许多事情能放下，他就越富有。”而只有看开了，我们才能真正地放下。

某登山者是不使用氧气瓶并成功登上世界最高峰——珠穆朗玛峰的第一人。当他下山后，人们纷纷问他成功登顶的秘密，他说：“这没有什么秘密，我知道大脑是一个重要的耗氧源，科学家曾告诉我们：各种思想在大脑中相互撞击时，竟要消耗我们吸入全部氧气的25%乃至更多。所以，为了减少对氧气的消耗，我只有向前走这一个念头，至于其他的任何想法我都把它们统统从脑子里抛掉，没有了任何的杂念，我就等于放下了一个背在身上的巨大的包袱！轻松地向前，这就是我成功的全部秘密。”

功名、利禄、荣辱、爱恨、死亡、惧怕、苦乐等，我们从来不否认这些东西存在于自己心中的时候往往也会成为自己内在的渴望超越自我的一种原动力。不过，我们一旦执着这样的东西，就会让其成为前进路上的一个沉重的包袱。要学会拿得起、放得下，这样我们才能真正做到看得开。

有人说："人生最大的幸福就是拿得起、放得下。"一个人在处世中，拿得起是一种勇气，放得下是一种度量。对于人生道路上的鲜花、鼓掌，有智慧的人大都等闲视之，屡经风雨的人更是有自知之明；对于坎坷与泥泞，能以平常心对待，就十分容易通过。

第04章

扎扎实实做事，踏踏实实做人

每个人的一生注定要经历许多，可能是快乐的笑声，可能是难过的眼泪，可能是成功的欣喜，可能是失败的沮丧，但不管怎么样，我们所经历的每一个阶段都弥足珍贵。人生不需要太雕琢，只要一步一个脚印，踏踏实实就好。

没什么比坚持对成功的意义更大

相信任何一个人都曾经有自己的梦想，都满腔抱负，希望可以一展拳脚，做出一番成绩来，但现实告诉我们，必须从最基础的工作做起，这就好比一颗种子，如果浮于空中，是无法生根发芽的；只有埋进土里，经过雨水的灌溉、滋润，才能长成大树。现代社会，一些人心态浮躁，对于他们来说，坚持无疑是一个巨大的挑战。艾森豪威尔说："在这个世界，没有什么比'坚持'对成功的意义更大。"的确，世界上的事情就是这样，成功需要坚持。雄伟壮观的金字塔的是无数人汗水的结晶。一个运动员要取得冠军，前提就是必须坚持到最后，冲刺到最后一瞬；如果有丝毫之松懈，他就会前功尽弃，因为裁判员并不以运动员起跑时的速度来判定他的成绩和名次。

"天将降大任于斯人也，必先苦其心志，劳其筋骨，饿其体肤，空乏其身。"很多人心中都有成才成功的梦想，而真正能实现的人却是少数。大部分人之所以失败，不是因为他们墨守成规，也不是因为他们不够聪明，而是因为他们缺乏成才成功的坚实基础和坚忍的毅力。

诚然，现今社会，人人都追求张扬的个性，但不能忽视的是，这种张扬、这种个性应该建立在内心足够强大、根基足够宽广的基础之上，否则只能是任人摆布的玩偶，或者是单一的皮影，永远不会是一个鲜活的生命。

青年小张是某大学经济系毕业的高才生，刚开始，他希望自己能进入国家单位当公务员。他想，省里的难进就先进市里的，要是市里的也难考就先考县里的。“我会一直努力参考，总有一天能在大城市的机关单位就职。我要让我的家人和我一起走出大山，然后在城里给他们买大房子，让他们开汽车。”大学刚毕业的小张，对自己的人生方向有着很明确的规划。

但现实有时候就是这样，人想要什么，它就偏不给什么。屡战屡败后，小张曾一度陷于低谷。“刚毕业的大学生，由于缺乏社会经验，基本上都是在面试时败下阵来的。对于那些五花八门的问题，还有一些专业性很强的术语，我感觉无从下手。”小张说。“生活不是你想要什么就来什么，咱努力过了也就没有遗憾了。如果现在条件还不成熟，那就试着先干干别的。等将来有机会再考。总不能吊死在一棵树上，你以后的路还很长啊！”父亲这番话点醒了小张。

考不上公务员，那最低要求也要在大城市找到工作。小张是个心高气傲的人，总觉得自己是有能力做一番事业的，只是还没有遇到机会和赏识他的伯乐。于是，他开始关注省城每周的招聘信息，也试着投简历、面试。

运气还算好，由于学历不错，长相谈吐也都大方自然，一些私企有意向录用他当文员或者秘书。“办公室里的好多人员学历不如我，能力也不如我，我觉得大材小用了。”所以，辗转了好几次类似这样的工作，他就是做不长。

“就在我快要对自己的未来绝望的时候，我遇到了表哥。他连小学都没毕业，如今却开着名车，还娶了城里的漂亮媳妇。”小张心里很不是滋味。

表哥告诉他：“和你哥我比，你可是幸福多了。有这么多人疼着你，还供你上了大学，长得一表人才，前途光明着呢，别丧气啊！人有时候就不能太较劲了，也不能急于求成，也不能把自己太当回事了。苦你得吃，气你得受。你哥我不就是盘子端过、碗洗过，被人骂过，一步一个脚印，脚踏实地走，才有了今天！”

表哥的经历让小张彻底明白了一个道理：要想成功，起点固然重要，但脚踏实地的努力更重要。找不到理想的工作，与其自暴自弃，怨天尤人，还不如踏踏实实，在一个自认为还有着足够兴趣的岗位上一步一个脚印走。于是，小张渐渐平静下来，在省城一家四星级酒店找了工作，现在他已经是前台经理了。

可能很多年轻人都有着和小张相同的经历，满腔热血却被现实浇灭，而扪心自问，问题却在自身，与其打着灯笼满世界找满意的工作，不如踏实下来，勤奋工作。要知道，没有顽强的意志力，就不可能取得成功。可能目前这份工作让你感到很沮丧，觉得前途渺茫，但你真的做到了勤恳工作吗？既然没有，那么，何不尝试一下呢？努力工作，你会发现，成长始终伴你左右！

因此，一个人若想不断进取，就不能腹中空空如草莽，就应努力充实储备各种能力、各种知识或各种能为自身发展所用的东西，待时机成熟，再跨上另一个高度。

所以，我们任何一个人，都应趁着年轻还有时间和精力，多做对增加自己人生厚度、增添人生张力有益的事情。可能很多人对目前所从事的工作不满，因为它薪水很低，甚至需要自己委曲求全，但如果你确实能从中学到东西、增长才干，那么不妨给自己制订一个做这份工作的期限，在这个期限之内尽自己所能充分学习、充分提升自己，在到达这个期限之后，你尽可以潇洒地向更高的目标迈进，或者，那时你也许可以发现你已经站到了一个相当高的高度来审视这份工作。

抱着谦卑的态度，不断进步

我们任何一个人都知道，自信就是自己信得过自己，自己看得起自己。别人看得起自己，不如自己看得起自己。美国作家爱默生说："自信是成功的第一秘诀。"又说："自信是英雄主义的本质。”人们常常把自信比作发挥主观能动性的闸门，启动聪明才智的马达，这是很有道理的。要确立自信心，就要正确地评价自己，发现自己的长处，肯定自己的能力。但在很多时候，自信与自负只有一线之隔，自信的人予人好感，自负的人令人厌烦。而同时，自负者在心理上也会有更多的压力，因为他们在内心会告诉自己，一定要兑现自己许下的诺言，而结果常常却是事与愿违。

我们可以说，无论你多么强大、多么成功，只要心中被骄傲占据，那么你离失败也不远了。相反，那些谦卑、成功的人一般都善于倾听各方面的意见，进行周密的思考，并归纳出哪些事物可行、哪些事物不可行的一套完全属于他自己的见解。在思考问题的过程中，他会考虑到“得失利弊”，会考虑到“差之毫厘、失之千里”“真理若往前再跨越一步就是谬误”等这些细微的甚或为一般人所考虑不到的问题。他的最大特点就是善于倾听各方面的意见和建议，敢于坚持真理。

很久以前，有一个农夫，他的庄稼地在一片芦苇地旁边，这里，经常会有一些野兽出没，为了防止自己的庄稼被野兽毁坏，他经常拿着弓箭去射猎这些野兽，并经常巡视。

这天，农夫和往常一样，来到芦苇边看护庄稼。这天很安静，好像什么都没发生，农夫也觉得自己乏了，便在芦苇地旁边休息。正当他要打盹儿时，却发现芦苇丛中的芦花纷纷扬起，并飞到天空中，他觉得很奇怪，难道芦苇丛中有什么东西？

他走过去定睛一看，原来是一只老虎，只见它蹦蹦跳跳的，时而摇摇脑袋，时而晃晃尾巴，看上去好像高兴得不得了。

老虎到底为什么这么高兴呢？农夫心想，它一定是刚刚捕捉完猎物、美美地饱餐了一顿吧！可这只老虎真是太笨了，它完全没有想到捕捉自己的农夫就站在它身后。

想到这里，农夫赶紧藏好，拿起自己的弓箭，瞄准老虎，趁着它跳起的那一刻，一箭射过去，老虎立刻发出一声凄厉的叫声，扑倒在苇丛里。

农夫过去一看，老虎前胸插着箭，身下还枕着一只死獐子。

“螳螂捕蝉，黄雀在后”就是这个道理，这只老虎是悲哀的，因为捕到了獐子万分高兴，便忽略了对周围环境的觉察，以致自己已经成为别人猎杀的目标都不知道，最后只能中箭而死。

所以，我们要记住，无论何时都要保持清醒的头脑，只有这样，你才会稳扎稳打，作好积累，充实自己，走好人生的每一站。

另外，我们也都知道，没有人喜欢那些自我膨胀和趾高气扬的人，如果你骄傲自大，你就不会获得友谊和他人的认可。

彤彤毕业后就进入现在的出版社工作，因为刚出学校不久，干什么都没经验，于是，她虚心学习，也很会说话，所以，平时在单位里上上下下关系都不错，很快，她就得到了上司的器重，他将一本图书的责任编辑工作交给了彤彤。

毕竟是文学专业出身，彤彤的写作能力还是很不错的，她的这本图书居然在全国图书评选中获了大奖。对于一个新人来说，这真是莫大的荣誉，为此，她感到十分得意，逢人便提自己的努力与成就。同事们当然也向她祝贺。时间慢慢过去，后来，彤彤发现了一些蹊跷：单位同事，包括她的上司，似乎都在有意无意地与她过意不去，并回避着她。

彤彤不明白自己哪里做错了，平时什么小事她还是抢着做，对同事、领导也是恭敬有加。苦思冥想后，她才恍然大悟，原来她犯了“独享功劳”的错误。想到这一点后，她也觉得自己做得有点过了，事实上，这本书之所以能得奖，上司的贡献固然很大，但这也离不开其他人，如同事的帮助。想到这一点以后，彤彤就在办公室说：“今天晚上我请客，大家都要来，感谢大家这些天来一直帮我的忙，我是后辈，以后有什么不懂的地方，还要麻烦各位前辈了！”大家都答应了彤彤的邀请，自从这件事后，大家似乎又和以前一样热情了。

彤彤在认识到自己的失误之后，其做法是正确的。刚开始，她的同事之所以会孤立她，就是因为他们认为彤彤有了成绩后就得意起来，对于这样的人，他们自然会产生芥蒂之心。

但庆幸的是，她很快认识到了这一点，于是，她又重新融入到同事中去了。

在生活中，如果你太过自负，时间一长，必然会引得别人不舒服，他们甚至不愿意再与你交往。可能你也会和故事中的彤彤一样，在内心并没有自我膨胀，但有时人跟人之间的认知观点不同，在别人看来，你的一些举动就成了自负。

可见，自信固然可贵，但如果自信过了头，成为一种自负与狂妄，那就确实不讨喜。生活中，那些自大的人往往不屑于与别人交往，心胸日益变得狭窄。他们虽能取得一定的成绩，但往往只满足于眼前取得的成绩，而且他们看不到别人的成绩。因此，你只有改正自大的性格弱点，才能看清别人，从而博采众家之长。

上帝阻挡骄傲的人，赐恩给谦卑的人，如果你也是一个爱骄傲的人，就从现在开始审视自己，改变自己，做一个谦逊的人，一个能够忍耐喜悦冲动、奋发向上的人。

可见，做人要信心十足，但不等同于自高自大、自我浮夸，只有抱着谦卑的态度，你才能不断进步！

客观评价，认清自己的平凡

虽然，我们提倡人要有自信心，偶尔夸夸自己，但也应该有限度，过分地吹捧自己，那就不是自信，而是虚伪。妄自尊大意味着人只是在运用扭曲了的想象，狂妄地夸大自己，时时轻视别人，这种充满谬误的想象会伤害他人，同时也会在无形之中伤害自己。每个人都渴望成功，人心又无止境，然而，在一生中，每人是否又都能够实现自己的理想和愿望呢？恐怕未必。之所以会是这个结果，其根本原因就是有些人自己不了解自己，自己不认识自己，没有承认并正视自己的平凡。

有一天，一只秃鹰从王宫上空飞过，看到一只黄莺备受国王的宠爱，每天好吃好喝，且地位尊贵，于是它就问黄莺："为什么国王单单如此宠爱你呢？"

黄莺回答道："我自幼就有一副好嗓子，到了王宫后，唱歌越发动听，国王非常喜欢听我唱歌，所以十分喜欢我，也经常拿珠宝来打扮我。"

秃鹰看到穿金戴银的黄莺，心中艳羡不已，它想："我资质又不比黄莺差，学学它，说不定国王也会喜欢上我。"于是它就飞到国王睡觉的地方，开始叫起来，以求吸引国王的注意。不巧的是，国王正在酣睡，听了秃鹰的叫声，噩梦连连，于是叫下属看看是什么东西在叫。属下去了回来报告说是一只秃鹰在叫。国王愤怒不已，吩咐属下去把秃鹰抓了下来，并命令拔光它的羽毛。秃鹰浑身疼痛，满是伤痕地回到了鸟群中。

古人云，识时务者为俊杰，我们每个人都有自己的特点，都有自己独特的智能。如果盲目去模仿别人，只会伤害自己。秃鹰如果在国王高兴的时候唱歌，它的结局肯定不是这样。梅花喜爱漫天雪，如果牡丹非要开在雪地，那结局将堪比秃鹰。

处于社会中的我们，总会被别人的看法、眼光、意见等影响，又会受自己内心的欲望、意念所支配。很多时候，我们都很难客观地评价自己的实力，真正地认清自己的平凡，给自己选一条最适合自己的路。

从前有一只蚂蚁，它的力气很大，开天辟地以来，像这种蚂蚁大力士还不曾有过，它能够毫不费力地背上两颗麦粒。若论勇敢，它的勇气也是空前的：它能像老虎钳似的一口咬住蛆虫，而且常常单枪匹马地和一只蜘蛛作战。它不久就在蚁丘之内声名大盛，蚂蚁们的谈论几乎都离不开它这位大力士。

弄到后来，它的头脑里塞满了颂扬的话，它一心想到城市里去一显身手，到城市里去博得大力士的名声。有一天，它爬上最大的干草车，坐在赶车人的身旁，像个大王似的进城去了。

然而，满腔热望的蚂蚁大力士碰了一鼻子的灰！它以为人们会从四面八方赶来，可是不然！它发觉大家根本不理会它——城里人个个忙着自己的事情。蚂蚁大力士找到一片树叶，在地上把树叶拖呀拖的，它机灵地翻筋斗，敏捷地跳跃，可是没有人瞧，也没有人注意。所以，当它尽其所能地耍完了武艺后，只能怨天尤人地说道："如果我觉得城里人都是糊涂和盲目的，难道是我不可理喻吗？我表现了种种武艺，怎么没有人给以应得的重视呢？如果你上我们这儿来，我想你就会知道，我在全蚁丘是赫赫有名的。"

那天回家时，蚂蚁大力士变得聪明些了。

人贵有自知之明，很多人长期生活在自己的小圈子里，做着舒舒服服的井底之蛙，不晓得人外有人、天外有天的道理，更不会正确地对待自己、分析自己，把自己摆正放平。不要因为自己高于他人便目空一切，要知道"高处不胜寒"，你随时都有被打入"冷宫"的危险。不要因为自己低于他人而闷闷不乐，在充分认识自己的前提下，你终将改变你目前的状况。闭起你的眼睛，让你的心完全平静下来，仔细地回想一下你所经历过的一切，给自己一个公正的评价，然后摆正自己的位置。

当一个人心态渐渐失衡的时候，他就减缓了进步的速度。你可以对自身的实力满怀自信，对自己的成绩深感自豪，然而，一旦这些积极的因子与骄狂、偏见及狭隘同行，一旦它与同情、谦逊及友谊分手，它就成了一种消极的品质。这种虚幻的自豪和自信便成了褊狭、傲慢和无知，最终成了一种自大。

歌德说，一个目光敏锐、见识深刻的人，倘又能承认自己有局限性，那他离完人就不远了。孔子说：“知人者智，自知者明。”所有的一切，都从认识自己开始。你是否认识你自己，这是你人生的关键。首先，你不要错误地认为自己作为一个有价值的人与你的聪明才智、你的博学多能或者你的财富、你的力量有关。事实上，无论你有多聪明，也无论你多能耐，如果你没有自知之明，那么你的最终结果只有一个，那就是失败。

认识你自己，不必为实现你所想象的却不切实际的所谓自身价值而去作任何多余的努力，你要明白，当你降生到这个世界的时候，你就已经拥有了自己的价值，你接下来所要做的事，就是将你自身的价值发扬光大，因而你必须了解、认识到自己的价值。

不忘初心，保持纯真

王阳明：“无事时固是独知，有事时亦是独知。”简而言之，一个人如果只在人们关注的地方下功夫，那就是虚伪。不管在什么时候，人都应该保持本真，以真示人。对此，有人作过研究，实际上我们每个人都具备成为伟人的潜质，之所以没有成为伟人，是因为我们不过只用了10%的心智能力，而剩下的90%却一直不为我们知道。这其中最主要的原因就是人们不能保持自我、正确地认识自我，所以很难发挥自己的潜能。

一个总不得志的人，找到了智者，向智者诉说自己的遭遇和无奈。

智者沉思良久，舀起一瓢水，问："这水是什么形状？"这人一摇头："水哪有什么形状？"智者不语，只是将水倒入杯中，这人恍然："我知道了，水的形状像杯子。"

智者无语，又把杯子里的水倒入旁边的花瓶，这人悟然："我知道了，水的形状像花瓶。"

智者摇头，轻轻提起花瓶，把水倒入一盛满沙土的盆里，水一下子渗入了沙土，不见了。智者低身掬了一把沙土，叹道："看，水就这么消逝了，这也是人的一生。"

这人陷入沉思，良久说道："我知道了，你是通过水告诉我，社会处处就像一个个不规则的容器，人应该像水一样，盛进什么容器就是什么形状。"

"是这样，也不是这样。"智者微笑着说，"很多人都忘了一个词——滴水穿石。"

此人大悟："我明白了，人可能被装于规则的容器，但也能像这小小的水滴，改变着坚硬的石头，直至突破。为人处世要像水一样，能屈能伸，既要尽力适应环境，也要保持本色，活得自我。"

“真实的东西总会打动人，就像那些花吧，虽然它会凋零，可是我们还是喜欢它是真的。那些假花，即使再好看，我们一样不喜欢。”在经过磨砺以后，我们才逐渐懂得了这个理。在纷繁复杂的社会现象背后，我们稍不注意，眼睛就欺骗了自己，许多的人和事出现在眼前，哪个是真哪个是假，很难甄别。也许时间能够检验，假以时日，假象总会因为缺乏真实的基础而原形毕露，唯有真实，与我们长久相伴。

在社会生活中，真与美之间是有区别和联系的。真，也就是一种客观事实，是事物的本质属性，是人们对于事物感知后一种理性的思考。美，是人们对于某种事物的客观感受在大脑中作出的一种反应，是一种感性的认识。美一般是建立在真和善之上的，也就是说，美一般是要符合真和善的。

车尔尼雪夫斯基讲，美是“生活”，就是说美在生活中是无处不在的，只是我们缺少发现美的眼睛罢了。美是建立在对社会物质生活了解的基础之上的，正如空中楼阁一样，美是不可能建立在非物质基础之上的。所以，当人们对事物还不了解时也就无所谓美。

有一个农夫在田地里捡到一枚稀有的金币，因为年代久远，金币看起来有些肮脏。邻人听说后纷纷跑来观看并争相购买农夫的那块金币，农夫表面不置可否，内心却在盘算着怎样才能让他们出价更高。

回到家里，农夫找来砂子和打磨金币用的工具，他想，如果将金币外表的污物去掉，肯定能卖个好价钱。在打磨的过程中，随着污物脱落的还有一些极细小的金子的碎片。

终于，金币发出了耀眼的光芒。一位长者看后，把金币放在掌心托了托，然后轻轻摇了摇头，说，重量减轻了，价值也就随之降低了。

许多时候，保持自我本色要比故意做作更能让人信赖，而这种信赖正是我们走向成功的基石。许多人都喜欢模仿别人，想让自己和别人不一样，他们希望自己能够跟上潮流，或是让自己散发出明星般的魅力。不过，这种模仿好像并没有给他们带来成功或是快乐，反而让他们感到焦虑、痛苦，而且这种焦虑、痛苦是和失败联系在一起的。

卡耐基认为，对成功和快乐的渴望是人们模仿别人的出发点，不过事实已经证明这是一种十分不明智的做法。任何人在因为模仿别人而感到苦恼的时候，都应该相信这样一句话：做你自己，那是最快乐的，也是最好的。

保持自我是一件相当重要的事情。假如你做不到，那么你永远都不可能成为一个快乐的人，因为你总是活在别人的影子里。有心理学家说："保持自我这个问题几乎和人类的历史一样久远了，这是所有人的问题。"

其实，大多数精神、神经以及心理方面有问题的人，其潜在的致病原因往往都是不能保持自我。每个人都是这个世界上唯一的、崭新的自我，你确实应该为此感到高兴，因为没有人能够代替你。

人们应该把自己的天赋利用起来，因为所有的艺术归结到底都是一种自我的体现。你所唱的歌、跳的舞、画的画等，所有的都只能属于自己，而遗传基因、经验、环境等一切共同造就了一个具备个性的你。

勤奋刻苦，抢占人生先机

现实生活中，面对人生的不如意，有很多朋友总是抱怨自己命运不济、时运不佳，也抱怨父母没有把自己生得冰雪聪明，所以才总是被那些客观条件禁锢住，导致人生遭遇困厄，无法顺利超越，实现成功。其实，海纳百川，海水并不会因为某种水的来源不同而排斥和抗拒那种水的融入。大多数情况下，我们的人生也是如此。人们常说“殊途同归”，的确，在人生之中，不同人在经历不同的命运之后，尽管人生的结果不同，但是人生的去路是完全相同的。在这个世界上，没有任何人能够逃脱死亡的命运。因此，朋友们，我们更应该在乎和重视的是人生的过程，而非人生的结果。就像一场旅途，我们要做的不是急急忙忙奔赴目的地，而是要用心欣赏沿途的美景，感悟旅途的美好。唯有如此，我们的旅途才是充实的旅途，我们的人生才是真正美好的人生。

虽然很多人都觉得命运是天生注定的，但现实情况是，命运并非天注定，我们必须成为自己命运的主宰，才能最大限度发挥我们的主观能动性，创造人生，成就人生。尤其是在自觉起点很低的情况下，我们更加不能自暴自弃，而是要笨鸟先飞，以勤奋和刻苦，为自己抢占先机。唯有如此，我们才能超越人生的局限，从而让自己尽情地展翅翱翔，畅享人生。

从师范大学毕业后，娜娜回到家乡的一所农村小学工作。因为父母都是普通工人，也没有什么背景，所以娜娜对于自己调动进入县城几乎从不奢望。在辛苦工作一年多之后，娜娜突然改变主意，不想在学校和家之间两点一线地奔波一辈子。她当即决定辞职，去大城市打拼。毋庸置疑，娜娜遭到了父母的强烈反对，他们都很清楚，娜娜一旦离开学校，便很难再找到一份安稳的工作。但是对此娜娜有自己的想法，她告诉父母："假如我继续这样安稳下去，我的一辈子就会这样一眼看到底，活几十年，和活几天有何区别呢？我必须改变现状，我不能让自己的人生就这样结束。"

告别父母，娜娜独自一人背起行囊去了遥远的大城市。她从最基本的文员做起，先勉强在大城市生存下来，后来从事销售工作，每天都要在外面四处辛苦地奔波。在经历十几年的奋力拼搏后，在哭过笑过苦过累过之后，娜娜成功打开自己人生的局面，成为事业有成的都市白领。看到女儿衣锦还乡，父母都称赞娜娜当年的决定是对的。

人生起点低没有关系，最重要的是要努力奋斗，从而笨鸟先飞，彻底改变人生默默无闻的现状。细心的朋友会发现，很多成功人士都没有得天独厚的条件。他们之所以获得成功，就是因为他们在人生路上不服输，而且能够积极主动地奋力拼搏，最终才改变人生现状，如愿以偿地获得成功。

人们常说，英雄不问出处。古人也常说，有志者，事竟成。归根结底，我们的命运把握在我们自己手中，任何时候，只要我们不放弃，不妄自菲薄，我们的人生终究能够获得更多的好运气，也能迎来根本上的转折。朋友们，从现在开始，不要再为自己起点低而感到懊丧。记住，我们唯有胸怀大志，才能成就人生，创造属于我们自己的精彩未来。

第05章

控制情绪的能力，体现你的修养

俗话说得好：“一流的有能力，没脾气；二流的人有脾气，有能力；三流的人有脾气，没能力。”生活中，脾气是一个人情绪的充分体现，而你控制情绪的能力，体现你的修养。当情绪忍不住的时候，不如用“优雅”的方式化解怒火，别让自己的情绪被他人左右。

生气的情绪，是一颗定时炸弹

我们生活、工作的周围，总是有这样一些修养良好的人：他们对世间万事万物都能泰然处之，即使“兵临城下”，也不会愤怒，这并不是因为他们没有情绪，而是因为他们明白不良情绪给自己和他人带来的不利影响，所以，他们通常会在最短的时间内找到怒火之源，并将其彻底消灭，而这样的人也能得到他人的认可，因为他不会让自己的负面情绪伤害到身边的人。同时，他也成就了自己美好的修养和品质。

马克·吐温说：“世界上最奇怪的事情是，小小的烦恼，只要一开头，就会渐渐地变成比原来厉害无数倍的烦恼。”而对于智者来说，在烦恼面前，他们不会愤怒，因为他们深知，愤怒是十分愚蠢的行为，只会让自己陷入糟糕的情绪循环之中。

愤怒是一种大众化的情绪——无论男女老少，愤怒这种不良情绪都在毒害着他们的生活。因此，不管在家里，还是在工作中，甚至在与你亲密的人相处的过程中，你都需要进行情绪的调节，从而浇灭愤怒的火焰。所以，我们任何人都应把控制自己的情绪、抑制自己的愤怒作为修炼自己良好性格的重要方面。当你遇到了不快的事情、即将要发火时，请告诉自己：如果我原谅他了，我的品质就又提升了一步。这样一来，自然就压制住了要发火的倾向。

我们先来看下面一则故事：

一名政党的领袖正在指导一位准备参加参议员竞选的候选人，教他如何去获得多数人的选票。这位领袖和那人约定：“如果你违反我教给你的规则，你得被罚款十元。”

“行，没问题，什么时候开始？”那人答应。

“现在就开始。我教给你的第一条规则是：无论别人怎么损你、骂你、指责你、批评你，你都不允许发怒，无论人家说你什么坏话，你都得忍受。”

“这个容易，人家批评我，说我坏话，正好给我敲个警钟，我不会记在心上。”

“好的，我希望你能记住这个戒条，这是我教给你的规则当中最重要的一条。不过，像你这种呆头呆脑的人，不知道什么时候能记住。”

“什么！你居然说我……”那个候选人气急败坏。

“拿来，十块钱！”

“哎呀，我刚才破坏了你教给我的戒条吗？”

“当然，这条规则最重要，其余的规则也差不多。”

“你这个骗子……”

“对不起，又是十块钱。”领袖摊开双手道。

“赚这二十块也太方便了。”

“就是啊，你赶快拿出来，这是你自己答应的。如果你不拿出来，我就让你臭名远扬。”

“你这只狡猾的狐狸！”

“对不起，再拿十块钱。”

“呀，又是一次，好了，我以后再也不发脾气了！”

“算了吧，我并不是真的要你的钱，你出身贫寒，你父亲的声誉也坏透了！”

“你居然敢侮辱我的父亲！你这个恶棍！”

“看到了吧，又是十块钱，这回可不让你抵赖了。”

这一次，那位候选人心服口服了。那位领袖郑重地对他说：“现在你总该知道了吧，克制自己的愤怒并不容易，你要随时留心，时时在意。十块钱倒是小事，要是你每发一次脾气就丢掉一张选票，那损失可就大了。”那位候选人彻底服了。

的确，生活中，有些人就像故事中的这位候选人一样，控制不住自己，在不顺心的时候很容易发怒。实际上，胡乱发脾气根本解决不了任何问题，反而会把事情弄得更糟。

我们工作与生活的世界本身就是个有条不紊、有规律运行的有机体，只要正常运转，一切都会秩序井然，按部就班。就像一台计算机、一架飞机、一台机器，如果操作正常，控制良好，就能发挥它们的正常作用。人的情绪也如同一架机器一样，一旦失控，就不能正常运转，最终会导致人们陷入失败的沼泽。

聪明人深知，即使生气了也挽回不了什么，不过徒增许多怨气，于是，他们选择了不生气；愚蠢的人，他们总是看到事情的表面，凡事喜欢生气，总认为生气是自己的权利，殊不知，时间久了，生气成为自己的本性。做一个聪明人，还是愚蠢的人，关键是看你如何去选择。

英国著名作家培根曾经这样说过："愤怒，就像是地雷，碰到任何东西都一同毁灭。"如果你不注意培养自己忍耐、心平气和的性情，一旦遇到导火线就暴跳如雷，情绪失控，你就会把你的人缘全都炸毁。

在生活中，那些生气所带来的恶劣情绪会挑拨起内心的冲动，冲动的结果将会令我们更加生气。这样一来，情绪就会形成一种恶性循环，从此一发不可收拾。而若是远离了生气，抑制了内心的愤怒情绪，我们就会达到开心的彼岸。

总之，生气的情绪，对于我们的生活来说，犹如一颗定时炸弹，将严重影响我们的正常生活，使生活失去原本平和的美丽。所以，我们需要告诉自己，"发火前长吁三口气"，事实上，很多事情都没有我们想象的那么严重。如果不学着控制自己的情绪，任着性子大发脾气，不仅解决不了问题，还会伤了和气。

负面情绪，会让你步入深渊

负面情绪，与积极乐观的情绪相对。负面情绪是一种快速把人的情绪拉低、使人陷入低沉的东西，这是一种能量，而且是一种“负”能量，换而言之，也就是只会让我们变得越来越糟糕，甚至让我们最后被这个负能量吞噬。我们经常会说的一句用来安慰人的话是“人生总不是一帆风顺的”，但似乎这句话的效用只会发生在当我们对一些失意的人说时，实际上，我们自己似乎从来没有去深思这句话的含义，一旦在自己身上发生了不开心的事情，我们就会想到逃避，甚至开始在体内滋生一系列负能量：自卑、贪婪、嫉妒，等等。而这些将会摧毁我们好不容易建立起来的自信和成功，一步步拉我们步入深渊。

里昂多年以来一直担任西蒙出版公司的高层主管，后来成为纽约州纽约市洛克菲勒中心袖珍图书公司的董事长。在过去15年里，里昂每天都需要把一半的时间用来开会和讨论问题，比如，这个问题应该这样？还是那样？或者这个问题根本不用理会。这时，里昂都会表现得异常紧张，坐立不安，在房间里走来走去，他与下属讨论，不停地争辩，一个会议可以开到晚上，散会时，里昂总是感觉到筋疲力尽。

里昂不想重复这样的日子了，他想，或许会有更好的办法。在这之前，如果有人告诉里昂，减少四分之三的会议时间，可以消除四分之三的紧张感，那里昂会觉得这个人真是盲目的乐观主义者。不过，在经过很长时间的摸索之后，里昂觉得，这真的可以。那么，里昂是怎么做的呢？

里昂的秘诀是：

第一，里昂马上停止了那套15年来会议中一直使用的程序。例如，在以前，里昂会跟那些同事先报告一遍问题的细节，最后再询问“我们该怎么办呢”。

第二，里昂订下了一条新的规矩，任何人想要问他问题，必须事前准备好一份书面报告，并准备好以下几个问题：

（1）到底是出了什么问题？在过去，我们这种会议一般都要开一两个小时，但大家还是弄不清楚真正的问题在哪里，大家经常是会议开始后才开始讨论问题，却不愿意提前写出来所讨论的问题究竟是什么。

（2）是什么导致了问题的出现？回想了过去的会议，里昂惊奇地发现，虽然在这种会议上浪费的时间很多，但最后都没有找出是什么导致了这个问题的出现，也就是说，这个会议根本没有达到预期的效果。

（3）怎么样来解决这些问题？出现了问题肯定需要解决，在过去的会议上，只要有一个人提出了一个解决方法，就有其他的人为此跟他争论，于是大家也就争论了起来，结果常常是说着说着就说到了别处，直到开完会，还在进行那个题外话。

当里昂提出这样几个问题之后，他说：“过去那些跟我一起开会的人，经常会在会议上绕圈子，却从来没有想到过切实可行的解决方法，现在，我的下属很少会把他们的问题拿来找我了，因为，他们发现，在需要回答我上面这几个问题之后，他们已经在仔细思考问题了，当他们做了这些之后，就发现大部分问题都不需要再来找我商量了。”

以上就是里昂摆脱自己的负面情绪的方法。在过去，每当里昂结束一个会议，他总感觉很累，而且更糟糕的感觉是问题还没得到解决，既浪费了时间，又觉得根本没达到自己想要的效果。长此以往，最终的结果是里昂越来越害怕开会，甚至他听到“开会”这两个字就会打不起精神来，这其实就是一种负面情绪，它不断地使他否定自己，打击他的自信心，最终他就会在负能量的影响下变得更糟糕。

不要否认，负面情绪是属于我们潜意识里的，其实它一直存在，就好像一个魔鬼，只是在我们没唤醒它的时候，它就像一个熟睡的孩子，一旦被唤醒，便会影响我们的身心，乃至一生的幸福生活。在每个人的身体内部都潜伏着负面情绪，它通过潜意识微妙地影响着我们生活中的每一件事，虽然，它的存在是我们可以忽略不计的，但至少，它占据了属于强大的正能量的空间。

在生活中每个人都有面对困难和痛苦的经历，它们显然是负面情绪的来源，而且，人们到最后会发现，这些痛苦糟糕的经历带来的创伤会在人们内心某个地方留下情感的伤疤，它就像是褪不掉的阴影。当然，负面情绪不仅来自这些糟糕痛苦的经历，下列这些不良心态也会令我们积累负面情绪。

1.喜欢轻易下结论

人们或许不知道，轻易下结论是一个隐蔽的陷阱，这会让我们很容易把一个人的行为和他的为人联系起来。其实，关键点在于，我们在不同的时间有不同的处事方式，这会带来多方面的变化，每件事情的变化都会影响到我们的情绪以及我们的自我控制能力和对待他人的方式。

2.喜欢比较

许多人都有攀比心，这其实是一种不健全的心态，虽然它来源于竞争的环境，但我们更应该清楚，有人会成功，就有人会失败。生活并不是和其他人的一场竞争赛，我们只需要做好自己，成为自己梦想中的那个人，永远不要沉浸在攀比的游戏中。

3.总觉得自己很委屈

许多人存在这样一种心理，好像全世界只有自己最委屈，他们始终扮演着一个受害者的角色。其实，这会使我们不愿意承担自己生命中的个人责任，假如我们总觉得自己很可怜，那我们就会长期抱持一种自卑、自闭、负面而狭隘的心态中，我们会拒绝正能量的加入，到最后我们所受到的是更多的负面影响。

4.总看到事情不好的一面

不同的人看待事物的方式不同，而我们的知觉形成了我们自身看待事情的方式。假如我们总是看到事情不好的一面，那我们的感受就是极其糟糕的，那些不好的感觉会不断地被扩大，而积极的感觉则会缩小，于是，负面情绪就会在我们体内滋长，就好像是少量的毒药，点滴积累至足以毁掉我们原本美好的生活。

5.总喜欢回忆过去痛苦的经历

就好像祥林嫂不断地向人们诉说自己的痛苦经历一样，许多人总容易沉浸在过去的痛苦回忆中，固执地去收集那些不愉快的经历和情感，然后累积起来，那些糟糕的感觉如毒气一样积压在他们胸口，一旦爆发，便会将他们伤得体无完肤。我们应该知道，执着于负面情绪就好像服毒，会上瘾，而且会推着我们走向灭亡之路。所以，假如你有一段不愉快的经历，请学会释怀，淡忘。

嫉妒，让你的人生失去颜色

在我们的生活中，常常有这样的人：他们不管什么情况下都很爱嫉妒，哪怕对于那些真正比他们优秀的人，他们也从来不甘心表示敬佩，而是采取各种各样的方式回避对方的优秀，对自己则采取自欺欺人的政策，总觉得自己才是最优秀的。这样的人往往妒忌心理很强，也许能够在短时间内获得心理上的平衡，但是在更多的时候则会因为嫉妒导致人生失去颜色，也失去本来应该有的快乐和幸福。

从心理学的角度而言，嫉妒就像是毒瘤，深深地扎根于人们的心里，使人们即便面对静好的岁月也依然无法保持内心的宁静。与其说嫉妒会给他人带来困扰，不如说嫉妒首先惩罚的是我们自己。因而很多喜欢嫉妒他人的人总是心神不宁、心慌意乱。

所谓人外有人，天外有天，一个人即使再优秀，也不可能在所有方面都远远超过他人。正如人们常说的，尺有所短，寸有所长，每个人也都有各自的优点和缺点，我们唯有摆正心态，坦然接受他人的优点，并止确面对自身的缺点，才能做到心平气和地面对人生。

经历了黑色的六月，很多刚刚走入大学的同学都会有一种感触，即嫉妒在心中疯涨。原来，曾经作为高中时代佼佼者的他们，到了大学才知道每个人都很优秀，而原本那份自以为是的沾沾自喜，就在这样的残酷现实中消失殆尽，随之而来的是他们对于自身的失望，还有对他人优秀的嫉妒。最近这些年来，不乏一些大学生因为嫉妒同学导致自己神志不清，甚至对同学犯下不可饶恕的罪行，结果令人无限感慨、不胜唏嘘。嫉妒不但会蒙蔽人们的双眼，也会使人们心智迷乱，因而我们必须摆正心态，从而彻底戒除嫉妒。

作为一个穷苦的人，拉丁从未想办法改变自己的命运，而总是陷入对邻居马特的嫉妒之中。原来，马特做事勤奋，尽管家底子也很薄，但是，在他的努力下，他家的日子一天天好起来。每当看到马特意气风发、春风得意的样子，拉丁简直觉得心急如焚。然而他很清楚自己没有马特勤奋，因而对于马特的兴旺发达十分嫉妒。

有一天清晨，拉丁早早起床祈祷，上帝突然出现在他的面前，对他说："我的孩子，你是如此虔诚，连我也难免被你感动。我愿意答应你的任何请求，不过你必须记住，你的所有请求一旦说出来，你的邻居就会获得双倍的。"原本见到上帝很高兴的拉丁在听完最后一句话之后，不由得黯然失色——我的所有请求马特都将得到双倍？这不公平，他为什么能够不劳而获，那么他岂不是拥有更多的金钱和财富了吗？

思来想去，拉丁都无法说出自己的心愿。眼看着上帝等待得不耐烦了，马上就要离开，他居然一狠心说："我要失去一只眼睛，让马特失去两只眼睛吧！"

尽管这只是一个寓言故事，却为我们揭示了一个深刻的道理：嫉妒是人心中的毒瘤，不但伤害了自己，也伤害了他人。被嫉妒扰乱心智的人，甚至宁愿作出这种损人不利己的选择，宁愿伤害自己，也要更深地伤害他人，不得不说嫉妒的负面作用实在太大了。

通常情况下，嫉妒使人很难容忍他人的优秀，甚至会使人失去理智、伤害他人，因此说嫉妒的人都是非常自私的，他们眼中和心里只有自己，没有他人。有些浅薄的嫉妒者，还会不择手段地造谣中伤和诋毁他人，这是人际交往中的大忌，也许能够在短时间内伤害他人，但是长此以往，嫉妒者必然因此受到更深的伤害。人活在这个世界上原本就很艰难，各种各样的艰难困苦给我们带来了无穷无尽的烦恼。与其因为嫉妒感到心神不宁，不如放开心胸接纳和欣赏他人的美好，这样一来，嫉妒者的内心必然会拥有更多的宁静，也能避免被嫉妒这把利剑深深伤害。

改变自己的性格，和善待人

有位名人曾说，这个世界上没有两片完全相同的叶子。同样的道理，这个世界上也没有两个完全相同的人。即使是长相完全一样的双胞胎，性格也不会完全相同。大千世界，之所以五彩缤纷，不仅因为人们长相各异，也因为千人千性，每个人的性格都独具特色。有些人的性格友善宽和，总是能够博得身边人的喜爱。他们似乎拥有独特的魅力，能让身边的人们情不自禁地被他们吸引，围聚在他们身边。和他们截然相反的是，有些人的性格非常古怪僵硬，做人做事总是固执己见，听不进别人的劝诫，总是一味地服从自己的内心。有的时候，他们还因为过于自我，说话做事都丝毫不顾及别人的感受。由此一来，大家难免会讨厌他们，甚至刻意躲着他们。这种人，顾名思义就是“万人烦”。当然，“万人烦”的说法未免有些夸张，不过，在生活和工作中，如果得不到身边的同事、朋友的支持和帮助，还是会造成很大困扰的。

简单地来说，“万人烦”的性格大多数比较偏执。他们往往特别自以为是，总觉得自己不管说什么做什么都是对的，总是要求别人按照他们的旨意行事。殊不知，现代社会的人们不再像古代帝王一样享有天子金口玉言的特权，每个人都应该学会包容，学会采纳别人的意见，让自己的看法和见解变得更加成熟可行。当遇到偏执性格的人时，人们总是避而远之。在因为观念不同发生争吵的时候，偏执性格的人还会找出各种理由和借口，明明知道是自己的错误，却死活不承认。对于这样的人，谁还愿意和他合作呢？偏执性格的人还特别敏感，心怀疑虑，常常把别人的好心当成恶意，揣测别人的用心。这种性格类型的人人际关系很差，最终会落得众叛亲离的下场。还有一种“万人烦”，并非因为冷漠和固执，而是因为太过热心。生活中常常有这样的人，他们不管对什么事情，哪怕是和自己毫无关系的事情，都表现出过分的热情。这种人最喜欢东家长李家短地散布谣言。在现代职场上，这种人也是流言蜚语的根源。当一个人变成了“长舌妇”，朋友和同事自然会对他敬而远之，毕竟，没有人喜欢自己的私事被说得尽人皆知。由此一来，“长舌妇”也变成了“万人烦”。当然，在生活中，人们既不会无缘无故地喜欢一个人，也不会无缘无故地讨厌一个人。我们要想拥有好人缘，就必须努力反省自己，改变自己的性格，学会包容、宽厚和友善地对待他人。

王民是公司的新进职员，虽然长得皮肤白净，看起来文文弱弱，但是没过多久，大多数同事都开始讨厌他。这是为什么呢？原来，他是个不折不扣的“万人烦”。不管其他同事说什么事情，哪怕这件事情和他毫无关系，他也会凑上去不合时宜地随便插话，看似热心地给别人提出建议，实则别人根本不需要他的虚伪热心。很多时候，两个同事正在就一个问题认真交流，他也会突然上去冒出几句来，让同事们丈二和尚摸不着头脑，只能嫌恶地看着他。

有一次，有两个女同事正在讨论孕期的问题，她们的声音原本压得很低，只有彼此能够听到。王民路过的时候，看到这两个女同事窃窃私语，不由得站在旁边侧耳倾听。听着听着，他突然大声说：“怀孕应该多吃有营养的东西！”这下子，办公室的同事全都抬起头来注视着他们，弄得那两个女同事非常尴尬。一个女同事气愤地骂道：“我们是在和你说话吗？关你什么事啊，你非要来多嘴说几句？你怎么这么讨厌呢，真是个‘万人烦’！”说完，这个女同事还狠狠地瞪了王民好几眼。

从此之后，办公室里的同事一说话，都像防贼一样防着王民，生怕他一不小心就大声插话，搞得大家都很尴尬。

上述事例中的王民，是个典型的“万人烦”。职场之中是讲究隐私的，尤其是当异性同事窃窃私语的时候，他不但偷听，还插嘴，更加让人讨厌。不管在职场中还是在生活中，我们一定要学会尊重他人。有些事情，如果别人想告诉你或者征求你的意见，一定会亲自和你说。聪明的人，遇到别人窃窃私语的时候总是避之不及，担心听到不该听的话，又怎么会凑上去偷听呢？可想而知，王民的职业生涯，必将因为同事的厌恶受到阻碍，他甚至有可能因此而失去工作。

每个人都有自己的性格特征，很多时候，性格会影响我们行为做事的风格。既然意识到性格的影响如此之大，就一定要用心完善自己的性格，不要处处招人讨厌。

在职场生涯中，不该打听的事情不要打听，不该参与的事情要避免参与。每个人都只有学会尊重别人，尤其是尊重别人的隐私，别人才会向你释放善意，尊重他。千万不要表现得过于热心，因为很多时候你的热心对于别人来说是一种负担，只会让人心生反感。

无法忽视的沉默力量

在炎热的夏季，细心的人一定会发现，每当要有大的暴风雨突然袭击时，天空往往会变得异常安静。在原本喧嚣的午后，一切都安静下来，寂静得吓人。就连空气，也似乎凝滞不动，一丝风也没有。云彩也不再飘散，而是像被固定在空中的某个地方一样。就这样寂静几分钟之后，突然电闪雷鸣，就像是一段演出中的安静是为了衬托更加喧嚣的热闹一样，雷雨也随之而来。这就是我们平日里所说的“暴雨前的宁静”。和这种宁静一样，在黎明到来前，也会有一段时间是极度黑暗的，甚至伸手不见五指。这黎明前的黑暗，更加衬托出阳光刺破地平线那一刻的耀眼。大自然真的非常神奇，它自有体系，不会因为任何事情而轻易改变。著名诗人北岛也曾在一首诗中写道：“一切爆发都有片刻的宁静。”那么，人呢？

生活中总有些人习惯于喋喋不休，诸如劳碌的妈妈。而当妈妈真的感到伤心欲绝或者愤怒异常时，她的唠叨就会戛然而止，让人无所适从。在这种情况下，我们与其猜测和揣度妈妈的想法，不如安静地等待狂风暴雨的来临。每个人都是群体动物，都是社会的一员，都离不开社会活动。也因此，我们总是要与形形色色的人打交道，这些人或者是我们熟悉的，或者是完全陌生的，或者是与我们有着利害关系的，或者是我们的冤家对头，令我们不知如何相处。不管与谁交流，我们除了运用语言表情达意的强大作用之外，也不要忽视沉默的力量。对，没错，沉默就是一种力量，而且是一种非常强大的力量。在人际交往中，假如你能合理运用这种力量，就会给你带来意外的惊喜。

战国时期，齐国的淳于髡不但很有才华，口才也好，每当其他大臣不敢直言进谏时，他总能够找到合适的方法规劝君主。因为他说的话很中听，而且道理深刻，因此君主非但不会怪罪于他，反而很乐于接受他的劝谏。

当时，齐国的齐威王原本才华横溢，是明智的君主。但是即位之后，他荒废朝政，从不理会国家大事，每天都只知道饮酒作乐，沉迷美色。为此，大臣们怨声载道，纷纷担心国家民生的大计。此时，周边的诸侯国看到齐威王如此不成器，纷纷前来进犯，想要瓜分齐国。眼看着国破家亡就在眼前，大臣们却都畏惧齐威王，不敢直言相劝。这时，淳于髡想出了一个好办法，决定给齐威王提个醒。

一天，淳于髡进宫面见齐威王，并且陪齐威王一起去后花园散步。行走的过程中，他装作漫不经心的样子对齐威王说："国君，您喜欢猜谜语吗？"齐威王连连点头，他又说："臣这里有个谜语，说给大王猜：有一只大鸟从远方飞来，住在皇宫里。整整三年的时间过去了，这只大鸟既不出声，也不翱翔，只是呆呆地蜷缩着，整日无所事事。国君，您说这只大鸟究竟是怎么了呢？”齐威王非常聪明，马上就知道淳于髡是在用大鸟打比方，想要点醒他，因为在诸多大臣心里齐威王恰恰就像这只大鸟无所作为，只沉迷于享乐。但是，齐威王知道自己不是昏庸的国君，因此他沉思片刻，决定改过自新，从此带领齐国扬眉吐气。因而，齐威王一本正经地说：“你说的这只鸟儿，其实不是不飞，而是一定会一飞冲天。它也不是不鸣叫，你等着看吧，它一定会一鸣惊人。你拭目以待吧！”从此之后，齐威王一改往日颓废的模样，开始专心治理朝政。很快，他不但严惩了那些腐败的贪官，而且给予忠臣大量奖励，使朝廷的风气焕然一新。此外，齐威王还开始振兴军事，发展国力，最终使齐国变得越来越强盛。这正如齐威王所说，这只大鸟“一鸣惊人”。

在这个事例中，齐威王不是不鸣，而只是在积蓄力量。他先是沉迷于酒色，后来在淳于髡的提醒下改过自新，成为一个励精图治的好国君。其实，一鸣惊人的典故早在春秋时期就已经为人们口耳相传。当时，楚庄王登基三年，却始终毫无作为，一直沿用之前的法令。为此，左司马问他：“一只大鸟落在山坡上，三年了不叫也不飞，这是为什么呢？”楚庄王回答：“三年不叫，是为了一鸣惊人。三年不飞，是为了羽翼丰满。不飞则已，一飞冲天；不鸣则已，一鸣惊人。”果然，在长久的沉默之后，他宣布废除各种不合理的苛捐杂税，还处死了好几个奸臣，又聘用了诸多贤士辅佐他治理国家。原来，楚庄王的沉默，是为了更好地积累力量，以求得最惊人的爆发。

生活中，我们常常会发现，那些喋喋不休的人虽然说话很多，却很少说到点子上。而且，因为他们一直喋喋不休，所以他们的话在他人心里并没有形成强大的力量。相反，那些喜欢保持沉默的人，每当开口时，必然引起众人瞩目，而且他们总是能够一字千金，掷地有声。没有长久的沉默，哪来喷薄的爆发？没有寂寞的反思，哪来聪明的睿智？我们往往只看到知识渊博的学者在众人前侃侃而谈，却忘记了他们曾有过数十年的寒窗苦读，曾冬练三九、夏练三伏。从某种意义上来说，沉默并不代表思维的停滞。相反，沉默的人因为专心，所以思维更加活跃，思想也更加深刻。不在沉默中灭亡，就在沉默中爆发。沉默无疑是一把双刃剑，成就了一些人，也毁灭了一些人。因而，我们必须正确认识沉默，理性对待沉默，这样才能在沉默中不断发展壮大，最终形成洪荒之力。

第06章

好脾气的人，好命一辈子

俗话说得好："江山易改，本性难移。"如果我们天生脾气就不好，那不仅会影响我们的人际关系，而且会影响我们的家庭和身体健康。那些好脾气的人，好命一辈子，所以拥有好脾气不仅是为别人，更是为了我们自己。

这些名声吗？这些增加的名声最终解决了我的什么？

（6）如果损失的是减少得分的名声，有多少人关注这件事，自己不计较是否天下本就没人在意？

（7）即使事关气节，若干年后公论不能回来吗？

（8）更多的时候，我们的情绪是否来自最亲近的人和最琐碎的事？

（9）除了跟最能接受自己的人发泄，我们还有什么能耐？

（10）除了这些最不值得关注的琐事，难道我们没有更有意义的事情去关注、思考、努力吗？

（11）长城还在，秦始皇在哪里？

（12）苏格拉底死了，他大概在笑话我们活着的莫名其妙忧郁的人吧？

一个胸中怀有宏大志向的人，是不应该过于被琐事纠缠的，在这个世界上，本来就没有多少事情值得我们去计较。在现实生活中，绝大多数的事情都是“不过如此”，有什么值得生气的呢？从一个人的内心来讲，谁都不愿意忧郁、烦恼、生气，更不愿意愤怒。那么，到底是什么事情在困扰着我们呢？如果我们内心真正地想清楚了，想放下心中的怨气，其实这并不困难。生气是没有必要的。当你明白了自己生气的导火索时，你会发现，那真的不是什么大事，是可以解决的，生气只不过是一种发泄，并不会帮助我们解决问题，我们所需要做的

一愤怒，你就失去了理智

曾经有心理学家经过研究发现，人在愤怒的时候会变得歇斯底里，并导致智商降低。因而，要想更好地解决难题，走出困境，我们首先要做的不是愤怒，而是控制自己的愤怒，保持清醒理智的头脑。当然，我们都是人，而不是神仙，更不是无所不能的上帝。生活中，我们面对他人的恶意伤害时，难免会感到非常生气。在这种情况下，我们无法像仁爱的上帝一样宽容一切罪恶，甚至包括伤害他的人，但是我们至少要告诉自己："生气是用别人的错误惩罚自己，我们不能生气，我们要为了自己的健康快乐选择原谅他们、忘记他们，这对我们自身而言也是极大的善待。"

很多人一旦愤怒，就会失去理智，甚至不管不顾自己的身体。有史以来，不乏有些气性大的人被气死，实际上，他们是死于因为愤怒而导致疾病爆发。所以，我们可以说，他们的死亡和愤怒有着不可摆脱的关系。愤怒就像是一根导火索，彻底引爆了他们身上背着的疾病的炸药包。在这种情况下，明智的人一定会不停地提醒自己：既然我已经受到了别人的伤害，我就不能继续用他的错误惩罚和伤害自己，我必须宽容他，宽容自己，让自己再次找回幸福和快乐。当然，这样的自我安慰看起来很简单，但是真正做到，并且使其达到一定的效果，还是很难的。我们必须首先使自己心胸开阔，真正做到大肚能容天下之事，才能放宽胸怀，避免再次因为芝麻蒜皮之类的小事情伤害自己的身体。

很久以前，有个小男孩脾气特别大，总是无缘无故地发脾气。有一次，父亲拿出一大包钉子给他，让他每次生气的时候就拿出一颗钉子钉在卧室中的实木衣柜上。小男孩很喜欢自己的衣柜，根本不知道父亲用意何在。但是，他还是按照父亲的说法去做了。只用了一天的时间，他就在衣柜上钉了三十多颗钉子，小男孩看到衣柜突然间变得千疮百孔，不由得触目惊心。为了尽量减少对衣柜的伤害，他开始学着控制自己的脾气。随着时间的流逝，渐渐地，他每天钉在衣柜上的钉子越来越少了。最终，小男孩完全能够控制自己的怒气了，很少再发脾气。

有一天，父亲又告诉男孩："从今天开始，你每次控制住自己少发一次脾气，就用工具拔下一颗衣柜上的钉子。"因为男孩已经很少发脾气了，所以，他用了很长的时间，才把衣柜上的钉子都清除掉。然而，被清除掉钉子的衣柜看起来更加触目惊心，男孩看着衣柜，不由得陷入沉思。这时，父亲说："看看吧，发脾气是一件很容易的事情，但是，即便事情过去了，给他人心中留下的伤害，也会像这千疮百孔的衣柜一样，很难恢复原貌。不管你多么真诚地道歉，人们心里的伤痕都是无法抹平的。”听了爸爸的话，男孩若有所思。

在这个事例中，爸爸用一包钉子和男孩最心爱的衣柜，使他知道每次发脾气都会给他人心中带来深刻的创伤，也由此让男孩意识到必须渐渐学会控制自己的脾气，这样才能避免伤害他人。其实，发脾气不但会伤害他人，也会伤害我们自己。每一个发脾气的人都会犯口无遮拦的错误，做出很多失去理智的事情，最终，这些话和事情都会变成双刃剑，伤害彼此。

朋友们，哪怕是为了自己，也不要再随意地乱发脾气。我们可以自私地不在乎别人的感受，但是必须爱惜自己。因而不要让千疮百孔出现在自己的身上，也不要因为一时冲动做出让自己懊悔万分的事情。一个真正成熟的人，能够控制自己的情绪，减少对自己的伤害，也能主宰自己的情绪，让自己成为他人心目中受欢迎的人。

保持心理平衡，控制喜怒哀乐

人有七情，其中之一就是怒。生活中不光是欢笑，我们常常因为各种各样的事情生气。自古以来，人们已经意识到愤怒的坏处，“气大伤身”“怒大伤肝”之类的说法，都在告诉我们怒气会损害身体。瑞典生理学家经过实验证实，人在生气的时候体内会分泌过多的甲状腺素，对身体健康有严重损害。《维多利亚宣言》也曾提出健康生活的四个必要条件，即合理膳食、适量运动、戒烟限酒和心理平衡。所谓心理平衡，就是要控制喜怒哀乐，既不要大喜，亦不大悲，更不轻易动怒。

常言道，“人生不如意事十之八九，唯有快乐在心头”。愤怒不但会伤害我们的身体健康，还会使人变得失去理智。很多让人扼腕叹息的悲剧之所以发生，就是因为当事人被愤怒冲昏了头，最终做出了丧失理智的事情，冷静之后未免追悔莫及，却已于事无补。也许有人会说，很多时候，真的很生气，不是自己劝自己几句就能冷静下来的。怒气上来，就像人喝醉了酒，理智完全不受控制，这时应该怎么办呢？从这几句话的描述来看，愤怒的确很可怕，它使我们就像变了一个人，连自己都不认识自己。此时，最好的办法就是转移注意力。告诉自己，稍等片刻再生气，用这段时间去做一些让自己开心的事情，诸如唱首歌，浇浇花，练习书法，从而帮助自己恢复平静。也可以找自己信得过的朋友倾诉一下，不过，需要注意的是，千万不要找火上浇油的损友。人是听人劝的，别人说的话往往对我们有很大的影响，尤其是当我们信任这个人的时候。等到怒气过去，不再在气头上，回过头来看，你也许会发现，原本让你怒火中烧的事情其实没什么大不了的，或者你根本不值得为了某人某事大动肝火。

正是因为愤怒会让人失去理智，所以，在现代的职场上，激将法频频被使用。对于容易动怒的人来说，这个方法几乎屡试不爽。尤其是在谈判桌上，激怒对方几乎成了剑拔弩张的双方中某方制胜的法宝。要想破解对方的激怒法，我们就要成为一个不容易被激怒的人。只有平静自己的内心，让自己不会轻易动怒，对方才会无计可施。那么，如何做到不动怒呢？首先，我们要认识到这个世界上，除了人命关天的大事，没什么事情是过不去的。和一切相比，唯有生命最重要。所以，任何事情都不值得我们动怒。想一想，身体是我们自己的，气坏了身体，只有最亲的家人跟着倒霉，坏人只会幸灾乐祸。既然如此，我们为什么要做亲者痛、仇者快的事情呢？其次，我们应该修炼自己的内心。遇事停三分，这是一个很好的平静内心的方法。不管发生任何事情，三分钟之内都不要急于作出反应。给自己的头脑三分钟冷静时间，等到三分钟之后再开口说话，你会发现你的理智已经回来了一部分。记住，不动怒，就不容易露出破绽。最强大的人，是能够控制自己情绪的人。

李娜是公司的首席谈判。对于李娜，每个曾经和她一起参加过谈判的人都心服口服。其实，李娜的谈判战术也很常规，无非是有理有据，入木三分。但是，她有一个地方谁也学不来，那就是从不动怒。李娜似乎是个不会生气的人，面对谈判对方的胡搅蛮缠，她始终笑眯眯的，兵来将挡，水来土掩，就是从不动怒。很多时候，对手都已经着急了，李娜也还是慢条斯理，不疾不徐。也正因为如此，李娜才能在一次次谈判中保持清醒和理智，从未露出破绽，反而总是能抓住对方的破绽，一举得胜。

李娜作为首席谈判官，把自己的情绪控制得非常好。其实，谈判的过程就是心理博弈的过程。在谈判桌上，较量的看似是那些客观的条件，实际上完全是心理战。心理上占据优势的人，才能谈笑间樯橹灰飞烟灭；心理防线一旦被打破，马上就会全线溃败。

从现在开始，每个人都应该把愤怒当成自己最大的敌人。只有战胜了怒气，我们才能让别人对我们无计可施。

抑制怒火，找到生气的理由

俗话说：“百气自生。”气是什么？它是一种情绪反应，一个人内心的“怨气”往往是自生的，并不需要我们自己决定是否该生气。有位朋友常常不解地诉说自己的困惑：“昨天晚上又和他生气了，本来可能只是一件小事，但是，后来就演变成大的灾难，直到睡觉前，我眼中还有泪，可是，今天早上一起床，我就感到很迷惑，怎么昨晚后来就吵起来了呢？我根本没有想过要生气啊，怎么就生气了呢？”在很多时候，愤怒情绪的发泄，已经让我们忘记了令我们生气的真正导火索是什么，好像我们在生气时根本没有想过这个问题。直到生气完毕，我们才意识到，当初是为什么生气呢？所以，在任何时候，我们需要理解“百气自生”，学会清理令自己生气的导火索，这样才会帮助我们抑制内心的怒火。

在大多数情况下，当我们无意中说“当时生气真的是因为一件小事，我也想不起来为什么生气”时，事实上，那所谓的“一件小事”不过是导火索，在这之前，我们心中可能已经郁积了一些气，在这样的情况下，一旦遭遇了导火索，怒气便一下子发泄出来了。

心理学家有这样一个秘诀，当一件对自己具有副作用的事情来临时，你可以思考一些问题，以此帮助自己找到生气的导火索，消灭心中的怒火。也就是说，在你生气之前，需要先问自己下面12个问题：

（1）我有改变的余地吗?

（2）我改变它的消耗与能够换来的成比例吗?

（3）我放弃和容忍的损失具体是什么?

（4）如果损失的可以折算成金钱的利益，我会那么需要和依赖这些钱财吗?

（5）如果损失的是增加得分的名声，我会那么需要和依赖是将生气的时间和精力更好地运用到解决问题这件事情上。

为了更有效地找到自己生气的导火线，同时，帮助自己消灭心中的怒火，心理学家提出了“情绪温度计”的说法。在日常生活中，我们需要养成记录自己情绪的习惯，每天，我们需要分几个时段来记录，而且，我们需要写下生气的理由，这样可以帮助自己察觉并检测到自己的情绪。如果说“生气”是自己生活中的常客，那么，我们可以找出自己的“情绪温度计”，与心中的怒气来一场“心灵对话”，从而彻底地消灭怒气。

1. 气由心生

一位常常生气的人开始回忆自己生气的过程：“早上，他就上班去了，我一个人在家，时而想想过去他的事情，想想横亘在我们之间那些悬而未决的事情，越想越生气，忍不住就发一条挑衅的短信给他，他通常都是不回，保持沉默。可是，他越是沉默，我就越是生气，我那时候就开始想象晚上和他争论的场景。只要他一回来，我的每一句话、每一个动作就包含着浓重的火药味。对此，他常常告诉我，是我自己整天胡思乱想，自己生气，后来，我仔细回想了，的确，似乎那些‘怨气’就是自然而然从我心中滋生的，等到我发觉的时候，我本身已经在生气了。”

想必这样一个生气的过程会给我们每个人带来一些启示吧，每个人生气的具体情况不一样，但是，人们那种“气由心生”的过程则是惊人的相似。如果你现在开始探秘自己生气的导火索，你会惊讶地发现，那些所谓的怒火，其实纯粹是“自燃”的。

2. 有效使用“情绪温度计”

如何使用“情绪温度计”呢？首先，我们把“情绪温度计”的刻度设定在0~10分，把每天分成7个时段。例如，早上起床太晚，路上又遇到塞车，还没有进入办公室就和某同事吵架，那么，这一天，你只能给自己打2分。在了解了自己一天中情绪的起伏变化后，开始通过情绪记录去寻找原因，写上一段话总结——为什么今天打了7分？原来，今天收到了朋友的鲜花，心情感觉非常愉悦，以至于同事嘲讽了一句，自己也不生气。这样，情绪记录的时间长了，自然就培养出了细微的观察力，就算是心中很细微的情绪，我们也会察觉到的。这样一来，我们就能顺利找到生气的导火索，从而破解心中的怒火。

脾气越好，内心越祥和

在西方有一句广为流传的名言：“播下一个行为，收获一种习惯；播下一种习惯，收获一种性格；播下一种性格，收获一种命运。”性格是一个人深层次的东西，而一个人的性格往往影响着其命运。我们可以说，性格是左右一个人命运的重要因素和神秘力量，一个人的性格的好坏将直接影响到其婚姻、事业和生活，在生活中，那些好性格的人将会为自己赢来好福气。那么，什么才是好脾气呢？平和惬意、不生气自然称得上是好脾气，好脾气的人内心越是祥和，其交际能力就越强，所建立起来的人际关系就越牢固，当然，这样一来，他们的事业和生活也就很容易获得成功了。

张太太自认是一个坏脾气的人，她常年在外面工作，这么多年来，她将在外面受的委屈和痛苦、遭遇的不顺和烦恼，一股脑儿地撒给了家人。有时候，母亲做的饭菜不可口，她都要嘟囔抱怨好半天，父亲没能帮她办成事情，她就对父亲黑几天脸，母亲心疼孩子多给了零花钱，张太太也会毫不留情地大声数落。

即使是面对朝夕相处的老公，张太太也没好脸色。老公拖地不干净，她会瞪大了眼睛斥责；老公应酬晚归了，她会堵在家门口教训他；儿子作业没认真写，她气得将孩子的作业本摔在地上；儿子成绩下降，拿着试卷，王太太就暴跳如雷。这么多年，家里似乎没有安宁的日子，张太太也疲惫了。

母亲常常对张太太说："你这孩子，人能干，心地也善良，就是脾气不好。"老公也说："你这人，一辈子全是脾气害了你！"孩子也多次表示抗议："妈妈呀，啥时候改改你那坏脾气，我就少流几次眼泪。"

张太太情绪不够平和，总是处处斗气，使得自己的家庭失去了原有的和谐和温馨。在生活中，那些性格不好的人更容易与他人发生矛盾，甚至酿成冲突，最终他们所迎来的只能是无比糟糕的生活。在现实生活中，我们经常看见那些性格不好的人因其脾气差而失去了最爱的人，有的人还因为冲动暴躁的脾气走上了不归路。那些心绪不够平和、脾气差的人，他们所面对的总是晦气和灾难，毫无福气可言。

李先生刚刚在家里发了脾气，突然想起来该理发了，于是，他带着阴郁的脸色走进了一家理发店。李先生回想起刚才与老婆的争吵，心中越想越气，这时，理发师捋着他的头发说："你的头发很软，先生，你一定是好脾气的人。"李先生愣住了，自己怎么能算是好脾气呢？从小自己就是出了名的打架大王，常常因为一点点小事就跟人打架；在部队的时候，出于对战友的嫉妒，将对方的鼻子打出了血；就在三十岁的时候，还差点对一个同事动手了。想想，自己怒发冲冠拔拳相向的事情并不少，怎么会是一个"好脾气"呢？

李先生透过镜子看到那位理发师，笑了，活了大半辈子，才明白，好脾气是应该受到赞美的，应该得到尊重的。于是，理发师建议李先生不要再理平头，而是把头发蓄起来换个发型，李先生想也没想就回答："好的。"

或许，李先生的头发真的变软了，在他嘴里开始经常出现

“好的”。以前，他与老婆的意见永远不可能一致，越吵心情就越不好，心情越不好就越吵，吵架简直成了家常便饭。不知道从哪天开始，李先生不再执拗自己的意见了，老婆说：“今晚炖条鱼来吃。”李先生会笑着回答：“好的。”过一会儿，老婆说：“今晚吃红烧肉。”李先生依然回答：“好的。”再过一会儿，老婆说：“好像这大鱼大肉都没啥好吃的，干脆炒个小菜算了。”李先生回答说：“好的。”可是，快到吃晚饭的时候，还是不见饭菜，老婆说：“今天，我不想做了，干脆到外面吃吧！”李先生依然好脾气地回答：“好的。”好脾气真的能带来好福气，老婆在李先生的好脾气下也自觉收敛了自己的脾气，彼此相敬如宾，感情日益深厚。

原来，一个人嘴里习惯说“好的”，也算是一种好脾气，因为其内心比较平和惬意。只有当我们对身边的事情毫无异议、不再挑剔的时候，我们才会说“好的”，这既是对别人的一种赞同，同时，也表示出自己平和的心境。如果在生活中你的性格比较糟糕，不够平和，那么请学会对身边的人说“好的”，这样会令我们迎来好福气。

那些喜欢生气的人，由于其难以相处的性格，总是在不知不觉间树下许多敌人，自然，他的人际关系就会不怎么样，做起事情来就会容易碰壁。所以我们常说，那些有着平和惬意性格、不生气的人才会更有福气。

生气时给自己一个微笑

朋友这样说："每一个人都在寻找快乐，而只有一个方法能保证你找得到它，那就是微笑。人生，每天不一定都能得到快乐，如果碰到了烦恼的事情，记得给自己一个微笑；碰到了令自己生气的事情，给自己一个微笑。微笑，可以令自己产生一种豁达的心态。"对自己微笑，也是一种积极的心理暗示，暗示心中保持一份好心情，给自己一个微笑，你会发现生活的美好其实就在心中。微笑，本身就是一种感情交流的美好神态，对别人真诚的微笑，体现了一个人的热情、乐观的心态；对自己微笑，则是一份乐观的自信，让我们的心灵一直生活在愉悦之中，你会发现，生活中的美好并不一定需要真切地寻找，它其实就在我们心中。

在清水龟之助小时候，他随着母亲到寺院去上香，看到方丈正在清洗新鲜桃子，清水龟之助站定了不想离开。方丈清洗完桃子之后看见了他，就把洗好的桃子递给了清水龟之助，但他的妈妈认为这样做不好，不让清水龟之助伸手接桃子，并对方丈说："师父你还是自己留着吧，这桃子若是给了他，你就少了一个！"方丈听了之后就笑了："虽然我少吃了一个桃子，但我多了一份吃桃的快乐。"说完，方丈便把新鲜的桃子塞到了孩子的手中，飘然离去。

从这以后，清水龟之助就懂得了快乐是可以互相传递的。长大后的他因为生活所迫而成为邮差，刚开始的时候，他感到很苦闷，但他并不想把自己的苦恼传染给他人，所以，他在工作时始终都保持着微笑，不仅如此，为了获得一份愉快的心情，每天早上，他都会对着镜子给自己一个微笑。当他看到许多人在接到了信件之后露出了开心的笑容，那份快乐又传递给了自己，他觉得邮差这份工作还是挺有意思的。

在很多人看来，邮差是一份辛苦的工作，而且收入很微薄，所以，很少有人会将其作为自己一生的职业。然而，清水龟之助怀着开朗乐观的心态，对自己微笑，一干就是整整二十五年，成为日本少数的老邮差之一。每天一大早，清水龟之助就用自行车驮着报刊和邮件穿梭于城市的大街小巷，凡是接受过清水龟之助服务的居民都特别喜欢他，因为他每天都面带笑容。当居民们从他手中接过信件和报刊的时候，也获得了一份他所传递过来的快乐。他的事迹使得他获得了国家级的奖项——终身成就奖。在这之前，那些获得这个奖项的人都是社会的精英，有的人对一个邮差获得了如此殊荣而感到不解；但是，在得知了清水龟之助的事迹之后，他们改变了自己的想法，纷纷为清水龟之助鼓掌。

1972年，尼克松竞选连任总统。由于在第一任期内政绩斐然，所以，他完全有绝对的优势获得胜利；但是，他惧怕失败，没有学会对自己微笑，于是，在潜意识的驱使下，派手下潜入对手的办公室安装了窃听器，最后，在选举胜利后不久就被迫辞职。

成功的时候，需要给自己一个微笑，但我们不可流连太久；失败的时候，更需要给自己一个微笑，用轻松的心态去面对每一个挫折；生气的时候，需要给自己一个微笑，用乐观的心态去战胜内心的不良情绪。对自己微笑，是一种积极的心理暗示，暗示自己没有必要生气。

伟大的发明家爱迪生的工厂曾经失火，以致近百万美元的设备瞬间化为乌有。六十七岁的爱迪生听到消息后赶到了火灾现场，旁边的员工认为他看着这一片废墟一定十分生气，谁知爱迪生表现得十分镇静，甚至笑着说："这场大火烧得好哇，我们所有的错误都烧光了，现在可以重新开始了。"生活就如同一面镜子，你对它哭它就哭，你对它笑它就笑。对自己微笑，我们将收获一份乐观的心态，而这样的心态将帮助我们战胜一切不良的情绪。

梁实秋说："一个人发怒的时候，最难看。"确实，一个发怒的人，脸红脖子粗，龇牙咧嘴，难免会有损自身形象。俗话说："人们一发怒，上帝就发笑；上帝一发笑，人就很难平心静气地去思考。"相比较微笑，发怒的表情实在很难看，所以，就算是为了自身形象着想，我们也要学会对自己微笑，而不是将发怒的表情定格在自己脸上。

古人云："人生不如意之事十之八九。"在日常生活中，我们总是避免不了一些烦心的事情，虽然，我们无法改变事情的好坏，但我们可以改变心情，不管自己遇到了什么，都要学会对自己微笑。微笑，是一种愉悦的表情，每个人都会自然表露情感，但是，对自己微笑，并不是每个人都能做到的。

1. 微笑面对生活

每一个人都要学会微笑，更好地享受生活，只有对自己微笑，快乐才会将生活围绕。微笑，不仅代表着我们的心态，而且，能够有效地影响他人的心情。所以，学会对自己微笑吧，你会发现生活处处皆美好。

2. 困难面前更要微笑

在人生道路上，既有坦途，也有坎坷荆棘，人们在失败时就消沉低迷，忘记了微笑是什么；在生气愤怒时就歇斯底里，忘记了微笑是什么。失败了给自己一个微笑，生气了给自己一个微笑，以平常心来面对生活中的那些成功与荣誉，你会发现生活其实很美好。在我们身边，有的人成功了，有的人却失败了，造成这样不同结果的原因是什么呢？其实，我们都忽略了最重要的一点，那就是忘记了对自己微笑。

第07章 为自己减压，告诉自己慢慢来也可以

现代社会，生活节奏加快，学习生活压力非常大，几乎每个人都曾在生活中的某个时候感到“焦虑”，这是人们在生活中常见的一种负面情绪。我们经常听到有人说“我快崩溃了”，因为很多人都承受着来自生活和工作的双重压力，甚至会出现压力超过负荷的现象。这时不妨为自己减压，告诉自己慢慢来也可以。

由心选择，让快乐成为一种习惯

什么是快乐？史铁生曾这样写道：“生病的经验是一步步懂得满足。发烧了，才知道不发烧的日子多么清爽。咳嗽了，才体会不咳嗽的嗓子多么安详。刚坐上轮椅时，我老想，不能直立行走岂不把人的特点搞丢了？便觉得天昏地暗。等到又生出褥疮，一连数日只能歪七扭八地躺着，才看见端坐的日子其实多么晴朗。后来又患尿毒症，经常昏昏然不能思想，就更加怀恋起往日时光。终于醒悟：其实每时每刻我们都是幸运的，因为任何灾难面前都可能再加上一个‘更’字。”

在辅导班里，有一位60多岁的教授，他谈吐幽默风趣，专业知识精深。但是，给学生印象最深的则是他每一次进教室都精神饱满，面带笑容，而且，每次都会带上一束花放在教室的花瓶里，虽然，每一次带来的花都不一样，但都一样鲜艳美丽。学生不禁产生这样的疑问：教授为什么总是感到如此快乐，难道生活中就没有什么不顺心的事情吗？

课程结束之后，一位学生向教授表示了自己的感激之情，同时，提出了一直存在心中的疑问。头发花白的教授笑了笑，说：“其实，我只是把快乐的感觉当成了一种习惯，前几年，老伴在一次车祸中走了，孩子又在外地工作，我一个人在家里很孤单，本来我已经退休了，但我还想继续执教，教师这份职业让我感到快乐。在工作之余，我最喜欢养花，在我家的院子里一年四季都有花香，我把这些花送给了朋友、邻居以及喜欢这些花的陌生人。我每次带来的花都是自己种的，能给别人带去快乐，我自己也感到很快乐。”闻着那些花香，学生感到快乐正跳动在自己的发梢。

其实，快乐只是一种感觉，我们每个人都有拥有享受快乐的权利。在生活中，我们常常会感到悲伤、烦闷，总是认为快乐是一种奢侈品，难以奢求。事实上，我们完全可以让快乐成为一种习惯，习惯本身是一种积累，而我们可以来积累快乐。

约翰是一名律师，在纽约一家知名的大公司上班，很快将成为公司的股东之一。他住在一套高级公寓里，可以把中央公园的美景一览无余。约翰非常努力地工作着，一周的上班时间至少达到了六十个小时。每天早上，他都挣扎着起床，拖着疲惫的身体来到办公室，参加会议，会见客户，这些烦琐的工作占据了他的每一天。对此，他感到自己已经远离快乐很久了。

有人问他：“在一个理想世界里还想做什么？”约翰回答：“我最想去一家画廊工作。”那人继续问道：“难道你现在找不到画廊的工作吗？”“不是的，但如果在画廊工作，收入将会少很多，生活水平也会下降，我虽然对律师工作很反感，但没有其他选择。”

约翰将快乐生活定义为：高收入、较高的生活水平。甚至，他觉得放弃自己最梦想的职业是因为“没有选择”。现在，我们应该明白约翰为什么感觉不到快乐了吧？他总是被一个自己不喜欢的工作捆绑着，所以，他每天都感觉不到快乐。在生活中，估计有一半以上的人对自己的工作并不满意。但是，他们之所以会感到不开心，并不是因为他们别无选择，而是他们提高了快乐的底线，错误地将物质与财富视为“快乐”。

1.每天对自己说“一切都会好的”

快乐的人每天都对自己说：“今天的天气真好，一切都会顺利的。”而不快乐的人则会说：“今天一切又不会顺利。”有时候，快乐对于我们来说只是一种选择，谁也带不走你的快乐，除了你自己。

2.降低快乐的底线

或许，快乐就是这样简单，如史铁生所形容的那般“不发烧、不咳嗽、能走路、能好好地端坐着”。当然，我们可以理解，他一定是吃尽了“疾病”的苦头，才会把快乐的底线定得如此之低。事实上，快乐本来就是那么简单，它的底线就是如此低，为什么我们还没有养成快乐的习惯呢？在很多时候，我们总是认为生活给予自己的不够多，不自觉地提高了快乐的底线，但是，当我们真正意识到什么是快乐的时候，生活留给我们享受快乐的时间已是少得不能再少了。让快乐成为一种习惯，降低快乐的底线，你就会发现，快乐就在触手可及的地方。

让快乐成为自己的一种习惯。我们不需要太多的寻寻觅觅，不需要太多的权衡，只需要我们放下心中太多的欲望，给自己的快乐画一条最低的底线，你就会发现，生活中的快乐越来越多，你会感到每一天都是富足而充实的。

足够努力，减少工作中一半的压力

工作中的压力真的可以减少吗？或者说，真的会有一种方法可以有效地减少工作上一半的压力吗？许多人总会表示不屑：自己已经工作这么多年，减少工作压力难道会没有方法？这个话题本身就很荒谬。然而，事实是存在的。例如，在日常工作中，我们经常会出现这样的情况：花一两个小时开会讨论问题，却没有人清楚真正的问题在哪里。由此，压力就产生了。当然，别人无法帮助你减少工作中一半的压力，因为关键在于你自己。只要你足够努力，相信你是可以成功地减少工作上一半的压力的。

许多年前，约翰满怀热情加入到推销保险的行业中。后来发生了一些事情，使约翰非常沮丧，他开始瞧不起自己的工作，几乎要决定放弃了。然而，在一个无所事事的周六早上，约翰坐下来，试图通过自问自答的方式找出自己压力的根源。

首先，约翰问自己："究竟出现了什么问题？"回顾自己工作的经历，约翰发现自己非常认真地去做业务，收到的效果却微乎其微。很多时候，即便约翰与客户洽谈比较顺利，到了关键时刻，那些客户仍会无一例外地以一句话搪塞了约翰，"我再想想，你下次再来吧"。于是，约翰不得不花费更多的时间去再次拜访这些客户，在这个过程中，约翰感到非常沮丧。

然后，约翰开始问自己："是否可以找到有效的方法来解决问题呢？"为了很好地回答这个问题，约翰将过去一年的工作记录本打开，认真研究真实情况。令他感到惊讶的是，自己的工作时间差不多有一半都浪费那些成交量不大的业务上面。原来，从工作记录中可以明显地看出，约翰在推销保险的过程中，初次见面就成交的占据了百分之七十，第二次见面成交的占据了百分之二十三，而第三次、第四次、第五次……以及很多次才成交的占据了百分之七，而约翰恰恰将工作重点放在花费时间最多、成交量最少的业务上面。

最后，约翰问自己："那么最终的结果是什么呢？"显而易见，既然多次拜访同一客户没有必要，那就需要将这部分时间用以拜访新的客户，说不定成功的概率还会大很多。

于是，他决定按照这个方法去做。结果是令人惊喜的，在很短的时间内，他的工作效率得到了大大提升，差不多提升了一倍。

约翰曾经一度想放弃自己的工作，他差点就承认自己确实不适合做这行。不过，当他静下心来认真分析问题之后，他成功地找到了一种解决问题的有效方法，最终将自己引上了成功之路。后来，约翰就职于费城诚信公司，每年成功洽谈的业务高达100万美元以上，被誉为美国最有名的人寿保险业务推销员。

1. 收集足够多的事实

谨记这样一句话："世界上的压力，大多数是由于人们在没有足够的知识来作决定之前就想作出决定。"一旦你收集了足够的事实，就不会造成这样的情况，你就可以作出一个有效的决定。

2. 认真分析收集的一切信息之后，再作决定

即便收集了信息，不过若不对信息加以分析，那也是不会有所收获的，而这样作出的决定也是仓促的。

3. 马上将所作的决定付诸实际行动

一旦作出了非常谨慎的决定之后，就需要马上将其付诸实际行动，不要犹豫不决，也不需要为不必要的事情而感到压力。

假如你还在为工作而烦恼，或许因为工作上的烦恼想放弃自己的工作，那不妨按照下面的方法去做，说不定可以减少你一半的工作压力。

请自问自答这四个问题：第一，是什么问题？第二，是什么导致问题产生的？第三，是否想到了有效的解决方法？第四，你认为最好的解决方法是什么？

调适心情，给生活做做减法

许多人都生活在自己的围城里，巨大的竞争压力使人们渐渐忘记了自我欣赏和肯定，进而迷失了寻找自我意识的目标和方向。事实上，快乐是一种由心而生的乐观心态，它来源于人们克服困难的勇气和对生命归宿的信仰。在现实生活中，我们常常有这样的感叹：人际关系会让自己身心疲惫，因为人心是复杂的。在与人相处的过程中，我们需要考虑到别人的心理，甚至在某些时候，为了顾及到别人的感受，反而弄得我们自己身心疲惫，最终受委屈的是自己。所以我们才会说“做人难”，难就难在我们需要更多地考虑到别人。长此以往，我们总是想到别人，而无视自己的感受，自然会觉得累。在这样的情况下，我们需要学会调适心情，让自己的生活变得简单起来，自然就会快乐多一些。

好朋友读了研究生，但她最大的愿望就是开一家花店。或许，对于这样的愿望，多少人会满脸不屑：“都上了研究生了，怎么还会有这样幼稚的梦想呢？”对此，好朋友道出了内心的苦闷：“我觉得与复杂的人和事打交道，我会身心疲惫，我就是我，我不会为什么而变得圆润，为什么要那样累自己呢？相反，如果我整天与花花草草打交道，不仅不会累，而且会将它们当成自己最好的朋友，向它们诉说自己的烦恼，那样的生活岂不是太美好？”听了朋友的话，许多人陷入深思，在现实生活中，多少人为了所谓的事业而昧着良心做人，又有多少人因事业而变得世故圆滑，他们在取悦别人的同时，其实也丢掉了本真的自己。到最后，他们变得连自己都不认识了。所以，在生活中，我们更需要以花草鸟鸣来调节心情，在简单清静的世界里，找寻心灵最初的快乐。

杨大叔是村里出了名的“乐哈哈”，因为他几乎在每个时刻都是面带笑容，偶尔还会跟邻里乡亲开几句玩笑。如果你了解他的生活，就会知道他的心情为什么总是这样好了。

在杨大婶的眼里，杨大叔不学无术，总是喜欢摆弄那些花花草草，鱼儿、鸽子什么的，能变出几个钱呢？农村里朴实的妇女，她们的想法总是这样简单实在。但杨大叔总是说：“你不懂啦，这是生活，这是情趣。”每次吃了饭，他总是先上楼看看笼里的鸽子，摸摸它们的羽毛，搂着它们，仔细观察它们的眼睛，嘴里还嘀咕着："这只鸽子可是好品种，它的妈妈可是信鸽，等它长大了，我也带着它去参加比赛。"放下它们，他还会在一边观察它们很久才依依不舍地离开。

除了鸽子，杨大叔最大的爱好就是摆弄花花草草，他很喜欢将那些树枝弄成奇怪的形状，马啊，羊啊，龙啊……每每有朋友拜访，他就带着他们去参观自己的植物园，并骄傲地介绍："这是紫荆花，这是茶花，这可是我嫁接的，然后从小将它们固定成一定的形状，它们长大之后就是这个形状，这跟我们平时教育孩子是一个道理，在孩子小时候就需要多花心思，把他们教育好，培养他们良好的习惯和性格，如果小时候不教育好，长大之后再想教育，那肯定是不行的。像这些小树苗，在它们幼小时不弄成形状，长大之后你再想它们成型，那肯定会折断树枝的……"看来，杨大叔不仅种出了兴趣，还种出了"心得"。

有时候跟杨大婶闹别扭了，听着杨大婶的唠叨，大叔也不生气，只是笑呵呵地去看自己的花花草草。实在无聊的时候，他就跟家里的小猫小狗说话，嘴里直嚷着："猫咪，别懒了，你看太阳都照到屁股了，还在睡觉，快去看看屋里藏着老鼠没，快去，抓到了老鼠，晚上有红烧肉作为奖励。"也不知道小猫是听懂了，还是明白了他的意思，竟然真的撑腰起来，到屋里活动去了。

杨大叔是幸福快乐的，因为他生活在一个美好的世界里，在那个世界里，没有烦恼，没有忧愁，有的只是娇艳的花儿、青翠的树木、调皮的小猫、乖巧的鸽子、忠实的小狗，没有人事复杂的劳累，所以，杨大叔才会那么一直"乐呵呵"地活着。试想，那些终日被功名利禄所劳累的人，如果他们看见了杨大叔的生活，是不是也会心生几分羡慕呢？

生活中，来自大自然的花草鸟鸣，给我们带来几分清新和快乐，让我们的心灵产生一种前所未有的平静详和之感。在花草鸟鸣中，我们的心灵不再沉重，有的只是无限的快乐，以及祥和的心境。

压力越大，情绪越容易低落

一位公司白领这样说："最近工作压力大，感觉自己脾气也越来越大，老想发火，尤其是每天回家坐地铁，十分拥挤，每次都会与站在身边的人发生冲突。我也不想这样，但是，那些怒气就是忍不住往外窜。"在日常生活中，我们常常发现这样一些容易陷入负面情绪的人：为生计奔波的小贩，高企工作的白领精英，女老板，等等。可能，从表面上看，他们并没有共同点，但是，如果我们仔细观察，就会发现，在他们身上有一个显著的特点——压力比较大。

据一项社会调查发现，那些生活、工作条件良好，受过较高程度教育的城市人，他们对生活的满意度远远不如农村人，来自生活和工作的压力让他们的生活质量大打折扣。近些年来，城市人的脾气似乎越来越大，他们常常感觉到紧张、焦虑，容易愤怒，在悲观时甚至有自杀以摆脱压力的念头。这项调查显示，同农村人相比，城市人工作的体力强度、时间都少于农村人，而且，更注重健康的生活方式，但是，城市人的精神状况显著差于农村人。同时，在调查中，个人工作稳定、收入有保障被列为城市人平日最关心的问题，对工作的极度关注使得许多城市人明显觉得工作压力影响到了个人健康。另外，城市的快速发展和工作的快节奏让许多城市人觉得自己似乎有点力不从心，60%左右的城市人对自己的工作状况并不满意，而且，来自家庭以及婚姻的压力让他们感到焦头烂额。

小月代表公司接待了一个大客户，第一次见面会谈，小月就感觉到这个客户太挑剔，不仅要求策划案完全按照他们的思路进行，而且，严格要求了每一个细节。回到公司，小月忍不住向老板抱怨："这个客户太挑剔了，一个企划案竟有那么多的要求。"老板收起了满面笑容，板着脸说："小月，你总是嫌这个客户不行，那个客户不行，这怎么能谈成业务？这一次，你务必拿下这个大客户，否则，你就直接到销售部报到吧！"说完，老板就头也不回地走了，剩下满脸苦恼的小月。

按照客户的要求，小月拟写了企划案，而且检查了三遍，然后才交给客户。谁料，在会谈中，客户表示：“这里还有几个小问题，你需要改改，为了美观，你最好重新写一份。”小月呆住了，重新写一份，之前自己可是花了一个星期！客户似乎看出了小月的心思：“不好意思，不过，我们可以宽限时间，再等你一个星期。”告别了客户，小月几乎是一路发着飙回来的。在出租车上，因为司机没有听清楚小月报的地址，小月十分生气：“你的耳朵干什么用的？老娘今天真是倒霉，遇到你这样一个傻傻的司机。”司机没有吱声，似乎对这样的乘客已经习惯了。就连进入公司大楼前，那个保安多看了小月一眼，小月也毫不客气地说：“看什么看，不认识啊！”小月感到心中有个东西在不断膨胀，眼看就快要爆炸了。

每天，我们都承受着诸多压力，有可能是事业不顺而造成的工作压力，有可能是感情不顺而造成的感情压力，还有可能是家庭不和谐而造成的家庭压力，心理学家将之统称为“社会压力”。社会压力作用在人的身上，将直接转换成心理压力、思想负担，久而久之，就会成为心结。如果这种压力长久以来得不到有效释放，就会越积越多，并产生出巨大的能量，最终，它会像一座火山一样爆发出来，导致的结果是，人们的情绪大变，总感觉自己活得太累，每天都不开心，脾气越来越坏，严重者甚至会精神崩溃，做出傻事。面对巨大的社会压力和心理压力，最重要的是自我调节、自我释放，当然，有合理而适度的压力，不但不是一件坏事，反而是一件好事。

对于我们来说，应该像高压锅一样，当压力不够时就聚集压力，让压力变成“煮饭”的动力；当压力过高时，就自动释放压力，这样压力就不会对我们造成伤害。那么，如何来缓解社会压力和心理压力呢？

1. 养成良好的作息习惯，营造良好的睡眠环境

在平日生活中，我们需要养成早睡早起的良好习惯，相对稳定的睡觉，能使我们的大脑皮层细胞得以休息。同时要注意卧室的温度，过冷或过热都会导致人们睡眠质量差；不妨在卧室中采用温和的色彩，这样人们会在一个相对自然的环境里放松自己，很快进入睡眠状态。

2. 放松精神，舒缓压力

我们想要缓解自身的压力，可以在睡前进行适量的运动，听听音乐，或者是按摩头部来缓解压力；也可以进行饭后散步。这样可以使身心都放松下来，舒缓白天生活及工作的社会压力。

3. 给自己的压力要适当

心理学家建议：适当的压力有助于我们激发更强的斗志，但是，正如任何事情都有一定的度，压力过大就会影响到正常的情绪。因此，在日常生活中，我们要给自己适当的压力，只要不是太糟糕的事情，我们应该学会忘记，这样一来，那些琐碎的小事就影响不到我们了。

无论是生存压力，还是工作压力，对一个人的情绪都是有着重要影响的，一旦压力来袭，人就会情绪恶劣，容易生气、烦躁，似乎看什么事情都不顺眼，内心的情绪积压过久时，便总想痛快地发泄一番。因此，那些给自己压力越多的人，他们的负面情绪往往越多。

第08章

命运的真谛，在于懂得等待

不要因为一次的失败就打不起精神，因为每个成功的人背后都有艰辛的汗水。即便是那太阳，偶尔也会被浮云遮住光芒。因此，怀揣才华的你也不会被埋没，除非你放弃了自己，在成功之前，我们要学会等待和安排自己。

人生经历洗练才会更美丽

有一句名言：“享受无法回避的痛苦，比别人更早更勤奋地努力，才能尝到成功的滋味。”只有忍耐风雨，才会等来彩虹。自古以来的许多卓有成就的人，大多是抱着不屈不挠的精神，忍耐枯燥与痛苦之后，从逆境中奋斗挣扎过来的。在人生的道路上，我们常常会遭受不同的挫折与困难，面对挫折，人们有着不同的理解，有人说挫折是人生道路上的绊脚石，有人却说挫折是垫脚石，所谓“百糖尝尽方谈甜，百盐尝尽才懂咸”。人生需要经历了洗练才会更美丽，经过了枯燥与痛苦之后，才能收获成功的果实。

忍耐枯燥与痛苦是成功的必经之路。人生不可能是一帆风顺的，总是会有这样或那样的挫折与困难，在这个过程中，就需要我们去忍耐这个战胜挫折的过程中的枯燥与痛苦，甚至是失败。这一切都需要忍耐，如果没有坚强的意志力，就难以忍受，最后就不能获得成功。如果你想赢得成功，就不得不忍耐这路程中的枯燥与痛苦，失败与辛酸，在忍耐之后继续奋斗，这样你才有力气走到最后，才能走向通往成功的路途。

许多年前，一位颇有分量的女性到美国罗纳州的一个学院给学生发表讲话。虽然，这个学院规模并不是很大，但这位女性的到来，使得本来不大的礼堂挤满了兴高采烈的学生，学生们都为有机会聆听这位大人物的演讲而兴奋不已。

经过州长的简单介绍，演讲者走到麦克风前，眼光对着下面的学生，向左右扫视了一遍，然后开口说："我的生母是聋子，我不知道自己的父亲是谁，也不知道他是否还活在人间，我这辈子所拿到的第一份工作是到棉花田里做事。"

台下的学生都呆住了，那位看上去很慈祥的女人继续说："如果情况不尽如人意，我们总可以想办法加以改变。一个人若想改变眼前不幸或不尽如人意的情况，只需要回答这样一个简单的问题。"接着，她以坚定的语气说，"那就是，我希望情况变成什么样，然后全身心投入，朝理想目标前进即可。"说完，她的脸上绽放出美丽的笑容："我的名字叫阿济·泰勒摩尔顿，今天我以唯一一位美国女财政部长的身份站在这里。"顿时，整个礼堂爆发出热烈的掌声。

阿济·泰勒摩尔顿是一位女性，一位生母是聋子、不知道亲生父亲是谁的女性，一位没有任何依靠、饱受生活磨难的女性，而恰恰是这位表面柔弱的女性，竟成为美国唯一一位女财政部长。说到自己的成功，她却只是轻描淡写地说："我希望情况变成什么样，然后就全身心投入，朝理想目标前进即可。”她忍耐了风雨，所以最后等来了彩虹。

格哈德·施罗德出生在一个工人家庭，小时候，父亲在远征苏联的战争中牺牲，施罗德兄妹五人与母亲相依为命。有一段时间里，他们住在一个临时搭建的收容所里，尽管母亲每天工作长达十四个小时，但仍然不能满足家里的开支。年仅六岁的施罗德总是安慰母亲：“别着急，妈妈，总有一天我会开着奔驰来接你的。”

逐渐长大的施罗德进了一家瓷器店当学徒，后来又在一家零售店当学徒，在1963年施罗德加入了民主党。在之后的10年里，他读完了夜校和中学，后来到格丁根通过上夜大来攻读法律。大学毕业后，他获得了律师资格，成为一名律师，不久之后，他当选为社民党格廷根地区青年社会主义者联合会主席。在以后的日子里，施罗德一直活跃于德国政坛，四十六岁那年，施罗德再次竞选成功，成为萨克森州州长，就是在这一年，施罗德实现了儿时的愿望，开着银灰色奔驰轿车将母亲接走了。也许，是儿时的苦难记忆，让施罗德在人生的道路上丝毫不敢懈怠，八年之后，施罗德一举击败连续执政十六年之久的科尔，当选为德国新总理。

童年时期的施罗德曾在杂货铺里当学徒，那时他常说的一句话是：“我一定要从这里走出去！”他成功了，而且，比自己想象中走得更远。即使在成功的路上伴随着困难，但是，施罗德从来没有把困难当成一回事，儿时的记忆让他明白：自己必须忍耐贫穷生活带来的枯燥与痛苦，不断地向前行，这样才能等来彩虹。

如果经不起挫折，忍受不了挫折带来的痛苦与失败，我们就将沉埋在毫无希望的生活里，永远没有前进的方向。凡是欲成大事者，必须耐得住痛苦，忍受得了失败的打击，因为成功需要风风雨雨的洗礼，而一个有追求、有抱负的人，他总是视挫折为动力。天将降大任于斯人也，必先苦其心志，劳其筋骨，饿其体肤，空乏其身，行拂乱其所为，所以动心忍性，曾益其所不能。在忍耐了那么多的枯燥与痛苦之后，我们将看见最美丽的彩虹。

忍受时光的煎熬，等待机会

常言道："小不忍则乱大谋。"在成功之前，我们往往需要忍耐长时间的寂寞和时光。生活中的每一个人，不管是谁，在人生中难免会深陷逆境，却又一时无力扭转面临的逆境，此时，最好的选择就是暂时忍耐，因为事情总是在不断变化中，一旦有利的时机到了，那成功就是指日可待了。所谓"忍一时风平浪静，退一步海阔天空"，我们要学会在忍耐中等待命运转折的时机。大凡成大事者，必定能忍得一时之辱，容得一时之痛。忍耐是一种品质，一种精神，更是一种成熟，一种理智，因为忍耐，我们在磨难挫折面前坦言豁达而不灰心丧气，它似乎可以给人生一种奋进的力量，在布满荆棘的道路上，在变化莫测的航行中，忍耐给予的生命光芒在信念中闪烁。

当然，等待并不是坐在那里默默地忍受一切，而是从心里接纳所面临的事情。当生活中的挫折与困难迎面而来的时候，暂且不去下判断，不论遇到多么大的事情，最好暂时忍耐一下，也许到了下一刻钟事情就会有转机，或许是有了解决问题的办法。

王明是一位留美的计算机博士，毕业之后，他打算在美国找工作。他拿着自己的各个证书及一些在学校所获得的奖章，四处奔波找工作。可是，两三个月过去了，他还是没有找到合适的工作，因为他所选择的公司都没有录用他，而那些愿意录用他的公司却又是他瞧不上的。他没有想到，自己堂堂一个博士生，居然沦落到高不成低不就的尴尬处境。思前想后，他决定收起自己所有的证书与奖章，以一种最低的身份前去求职。

没过多久，他就被一家公司录用为程序输入员，这份工作相当简单，对一个博士生来说简直就是大材小用。但王明并没有抱怨什么，即使是最简单的工作，他依然干得一丝不苟。这样干了一个多月，上司发现他能迅速看出程序中的错误，这可不是一般的程序输入员能比的，这时候，王明向上司亮出了学士证，上司知道了他的能力，马上给他换了一个与大学毕业生相对的岗位。又过了一个月，上司发现他经常能够提出一些独到的有价值的见解，远远比一般大学生要高明。这个时候，王明又亮出了硕士证，上司又立即提升了他的职位。再过一个月，上司还是觉得他跟别人不一样，就开始有意识地问询他，这时候，王明才拿出了自己的博士证，上司对他的能力有了全面的认识，毫不犹豫地重用了他。

当王明陷入找工作的困境时，他放弃了自己的所有证书，以一个最普通的身份去应聘，并获得了一份工作。我们可以想象，一个有着博士学历的人，委身于一个普通职员的岗位，那该有多么隐忍。但王明忍耐了下来，他在等待机会，终于，老板开始发现他深藏不露的能力，渐渐地重用他，最终他展露了自己真实的实力，也获得了自己应有的位置。

韩信是淮阴人，还未成名的时候，他只是一个平民百姓，贫穷，没有好品行，不能够被推选去做官，不可以做买卖维持生活，经常寄居在别人家里吃闲饭，因此受到人们的嫌弃。他曾多次前往下乡南昌亭亭长处吃闲饭，并在那里连续吃了好几个月，亭长的妻子很嫌弃他，就提前做好了早饭，端到内室的床上去吃。开饭的时候，韩信去了，亭长家却不给他准备饭菜，韩信也明白他们的用意，一气之下，就告辞而去，不再回来。

有一次，韩信在城下钓鱼，有几个老大娘在漂洗丝绵，其中一位大娘看见韩信饿了，就拿出饭给韩信吃。一连几十天，大娘都给韩信送来饭菜，直到这位大娘将所有的涤丝绵都漂洗完了。韩信感到很高兴，对那位大娘说："我一定重重地报答您老人家。"大娘生气地说："大丈夫不能养活自己，我是可怜你这位公子才给你饭吃，难道是希望你报答吗？"

还有一次，淮阴屠户中有个年轻人侮辱韩信说："你虽然长得高大，喜欢带刀佩剑，其实是个胆小鬼罢了。"又当众侮辱他说："你要不怕死，就拿剑刺我；如果怕死，就从我胯下爬过去。"韩信打量了他一番后，竟低下身去，趴在地上，从他的胯下爬了过去。满街的人看见了，都嘲笑韩信，认为他胆小。

后来，韩信先是跟随项羽，后追随刘邦，成为刘邦麾下的杰出大将，即使再回忆之前的胯下之辱，也不过是忍辱负重，这样才有了后来功成名就的韩信。

或许，别人都耻笑韩信懦弱，但韩信本人不以为耻。实际上，当时，韩信绝不是不敢刺他，而是因为韩信胸怀大志，不愿与小人多生是非，如果一剑将那个屠夫刺死了，自己也难以逃脱。因此，他甘受胯下之辱，他知道"小不忍则乱大谋"的道理，所以暂时忍受时光的煎熬，等待一个可以施展自己一身才华的机会来临。

等待是一种崇高的人生境界，古人作的《百忍歌》中有这样的句子："忍得淡泊养精神，忍得勤劳可余积，忍得语言免事非，忍得争斗消仇冤。"等待不是软弱，反而是一种大度。等待也并不是妥协，而是一种胜利。在生活中，学会审视自己，年轻人根本没有理由对周围的一切都那么苛刻，要学会等待和忍耐，这样会让生活变得更加轻松。

成长就是不断忍耐和承受的过程

一个人，从呱呱坠地，到成长为坚强勇敢的人，需要多长的时间？婴儿时期的你，不能独自进食，吃喝拉撒全都需要依靠父母的照顾。然而，在漫长的成长过程中，父母渐渐老去，长大的你也开始成为父母的遮蔽，帮助父母渡过重重的难关。可以说，一个人成长的过程，就是不断忍耐和承受的过程。无论人生中有多少坎坷荆棘，聪明的人都知道要坦然面对。既然抱怨不起作用，也无法改变任何既成的事实，我们为何不能放弃抱怨、积极地面对呢？

其实，不仅是人需要适应人生，适应整个世界，大自然中的每一种物种都需要不断改进自身，以期获得更好的生活。如枯叶蝶，为了避开天敌的迫害，不得不在漫长的适应过程中改变自己的颜色，完全融入环境之中。下面，就让我们来看一个小故事，了解忍耐的强大威力吧！

很久以前，澳大利亚的一个荒岛上有很多刺猬。这个荒岛是刺猬的世界，它们在荒岛上自由自在地生活着，这里有着充足的老鼠和蛇可供它们捕食，而没有任何天敌威胁它们的生存。要知道，刺猬浑身长满了刺，再凶猛的动物，也对刺猬无从下口。尤其是每当刺猬蜷缩起整个身体的时候，敌人几乎无法靠近。为此，就算是岛上最毒的毒蛇，也拿刺猬无计可施。正因为刺猬如此猖狂，所以它们的数量越来越多，繁衍速度越来越快。

随着时间的流逝，荒岛上渐渐衍生出一种与众不同的毒蛇。它们的体型略小，不过它们后来竟成为荒岛霸主——刺猬的天敌。这是为什么呢？和大多数毒蛇一看到蜷缩的刺猬就慌忙避让的习惯不同，这种新型的毒蛇在看到变成刺球的刺猬之后，非但不会退缩，反而会以极快的速度冲过去吞食刺猬。它们还肆无忌惮地咀嚼刺猬，似乎正在享受美味。很快，刺猬就在毒蛇的胃里被消化掉了。这和毒蛇们以往的反应相比，简直让人觉得匪夷所思。虽然毒蛇有毒，但是它们也是血肉之躯，难道它们不怕被刺扎吗？难道它们的胃是铁打的吗？然而，刺猬的确被这种新型的毒蛇消化了。让人更惊讶的是，这种新型的毒蛇并未因此受到损伤，它们逐渐取代了刺猬的荒岛霸主的地位，成为食物链中高于刺猬的一环。

为了解释这种奇怪的现象，科学家特意从荒岛上抓了一条毒蛇进行研究。解剖之后他们发现，这种新型毒蛇的喉管和胃部，全都是厚厚的老茧。为什么毒蛇的喉管和胃部如此变异呢？直到数年之后，又有一位科学家进入荒岛开展研究，才发现了真相。这位科学家从一个山洞里抓到了一条新型毒蛇的幼蛇，解剖之后发现它的喉管和胃部都是刺猬的尖刺，有的刺还在肉里，有的刺则已经脱落结疤，变成了厚厚的茧。科学家这才恍然大悟，原来这并非新型毒蛇，只是岛上原有的蛇为了让自己的喉管和胃适应刺猬的刺，小蛇们从小就开始练习吞食刺猬，然后忍耐身体内部被刺扎伤的痛苦，经过漫长的等待，等到刺脱落结疤之后，它们才能无所顾忌地吞食刺猬。而这个漫长的过程，大概需要十年的时间。

事例中的真相，让人不胜感慨。为了吞食刺猬，一条小蛇居然要经过十年的历练和忍耐，才能让自己的喉管和胃部变得坚硬无比。再想想我们人类呢？在通往成功的路上，在实现理想的路上，如果不抱怨，你能付出多少耐心面对一切的艰难险阻，直到如愿以偿？小蛇的经历让我们感到非常惭愧，如果我们也有如此的毅力和忍耐，只怕会离成功更近一些吧！

在漫漫人生路上，外界的客观世界不会完全符合我们的心意。有很多时候，我们的人生还会遭遇意外的打击。如果要想获得成功，我们就必须努力改变那些我们能够改变的，再恒久忍耐那些我们无法改变的，从而调整自身，适应外界。如此双管齐下，才能让我们的人生更加顺遂，才能让我们少几分抱怨，多几分积极与乐观。

用心度过自己的寂寞旅途

人是群居动物，人的本能就是扎堆，因此很多人都无法忍受寂寞，无法度过那漫长的无人陪伴的孤独岁月。如果说人生是一段旅程，那么寂寞则是一段无人陪伴、孤独前行的旅程，是一片暗淡无光的夜空，是一段没有歌声、寂静无声的时光。寂寞的人总是倍感孤独，无法忍受内心的空虚和浮躁。但是，对于智慧的人而言，寂寞能够帮助他们学会独处，沉淀内心的思想，从而变得更加深沉睿智。可以说，寂寞也是人生的一种存在形式，就像面对那些充满坎坷和挫折的岁月一样，我们也需要用心度过自己的寂寞旅途。

现代社会，因为生活节奏越来越快，工作压力越来越大，导致很多人的心态都越发浮躁起来。在这种情况下，寂寞无疑成为人生的一种考验，更是对于每个人内心的历练。无法忍受寂寞的人，最终会在寂寞中迷失自我。相反，能够忍受寂寞且沉淀自我的人，才能不断丰富和充实自己的内心，成就自己，最终守得云开见月明。所以朋友们，如果你们的人生现在平淡如水，那么，不要抱怨命运不公，而要反思自己是如何对待和度过寂寞的岁月的。在《人间词话》中，王国维说：“古今之成大事业、大学问者，罔不经过三种之境界：‘昨夜西方凋碧树。独上高楼，望尽天涯路。’此第一境界也。‘衣带渐宽终不悔，为伊消得人憔悴。’此第二境界也。‘众里寻他千百度，蓦然回首，那人却在灯火阑珊处。’此第三境界也。”可见，王国维也认为，一个人要想获得成功，首先要能够经得住寂寞的煎熬。每个人孤独地来到人世间，孤独地离开人世间。只不过是这一生一世的旅程，要我们与他人相伴而行。难道身边有着熙熙攘攘的人群就不再寂寞了吗？其实不然。哪怕我们置身于人群中，我们也有可能是孤独寂寞的。所以朋友们，不要觉得寂寞是因为身边没有他人的陪伴，寂寞实际上是我们心灵的需要，也是我们人生的历练。

很多人从未想过三十三岁就出任光线传媒事业部副总裁的刘同会与“孤独”扯上关系。然而，和绝大部分80后一样，刘同的青春也是在孤独寂寞中走过的。尤其是高中时期，看到同学们全都穿着名牌的运动服和鞋子，刘同更觉得寂寞、失落。他甚至成为同学眼中的隐形人，即便他主动写小纸条请求和其他同学成为朋友，也没有得到回应。

不仅与同学关系冷漠，刘同和工作忙碌的父亲也毫无交流。实际上，刘同内心是渴望交流的。很多时候，他八点半就写完作业，然后便盯着电视机看到十二点，即便如此，也没有等来与父亲的交流。这样一来，刘同的寂寞就更加深刻。突然有一天，刘同列举了自己人生中最惨的六件事情，却如同醍醐灌顶，意识到自己之所以寂寞是因为学习太差。为此，他发奋苦读，想要尝一尝学习好的感觉。经过艰苦的努力，刘同终于提高了自己的成绩，变成了一个相对优秀的学生，顺利考入大学。

大学期间，刘同每天都写日志，从而帮助自己解决那些成长过程中的难题和困惑。在经历了孤独和困惑之后，刘同在自己的书《你的孤独，虽败犹荣》中写道："孤独的感觉太棒了。那不是失败，而是自己与自己对话的最好时光。"

如今的刘同，当然不再感到孤独和寂寞。年轻有为、事业有成的他，得到了更多人的关注。但是，他还是喜欢在深夜十二点之后抽出一个小时的时间写作。在这样安静的时空中，他才能真正潜心下来，与自己内心进行深入的交流，才能弄清楚自己的内心对于很多问题的困惑。

一个人只要心怀梦想，哪怕在没有星星的夜晚，也能够安守住内心的寂寞，从而坚持自己的梦想。倘若我们一遭遇小小的挫折就放弃，一忍受片刻的寂寞就无端沮丧和绝望，那么又如何成功度过人生中最漫长难熬的寂寞时光呢！感谢寂寞吧，唯有经受过寂寞的人，才能守得云开见月明，才能迎来人生中的春暖花开和璀璨光华。

静下心来，守住人生的寂寞

现代社会，几乎每个人都在不遗余力地追求成功，最终却发现，成功并非一蹴而就的，更不是触手可及的。在追求成功的道路上，我们往往要付出很多的艰辛和努力，最终才能有所收获，才能获得人生的美好和充实。更有很多朋友总是羡慕成功者的光环，殊不知，成功者并非天生就得到了成功的青睐。在真正获得成功之前，他们不知道吃了多少苦，坚持了多长的时间，最终才能守得云开见月明，在人生路上终于能够如愿以偿。

很多人面对人生的坎坷困境时都会选择放弃，殊不知，不断尝试或许会失败，但是至少还有成功的概率，而一旦放弃，就注定了我们一生会彻底沉沦，与失败结缘。因而我们要说，我们与其因为放弃而永远失败，不如在尝试的过程中品味孤独与寂寞，在不甘于放弃的人生中继续努力前行。这样，我们或许会失败，但是同时也会拥有成功的机会。

说到这里，也许有些朋友会说，当陷入人生的绝境时，很多时候，不管多么努力都是无法改变现状的。其实不然。世界上的万事万物都处于随时随地的变化之中，我们与其放弃希望，彻底绝望，不如始终心怀希望，让自己在看似存在的绝境中继续努力，这样一来，随着事情的发展变化，我们至少能够寻找到新的契机。正如人们常说的，机会只属于有准备的人。一旦我们彻底放弃了，哪怕出现新的契机，我们也会因为毫无准备、手足无措而感到不知如何是好。如此一来，我们如何能够改变人生、畅享人生呢！

遗憾的是，现实社会中，越来越多的人急功近利，不愿意安守寂寞。随着生活节奏越来越快，工作压力越来越大，人们变得越发浮躁，根本不愿意固守自己的内心，总是因为眼前微不足道的小小利益就放弃自己的梦想，导致人生随波逐流，就像无根的浮萍。毋庸置疑，这样的人生根本不可能拥有令人辉煌瞩目的成就。

小江大学毕业后，没有回到家乡农村，而是留在了繁华的大都市。当拿到第一个月的薪水时，他激动不已，觉得自己终于能够挣钱养活自己了，因而满心欢喜。但是，几个月过去，小江对于自己的现状越来越不满意，因为他的目标不仅是养活自己，他还要帮助家乡面朝黄土背朝天的父母改变命运。无疑，小江是个孝顺的孩子，因而他很快就立下自己这几年的宏伟志向，那就是尽快积累钱财，为父母在城市里买套房子，让他们来到自己的身边生活。

然而，仅凭着微薄的薪水，小江即便已经非常节约了，也依然无法很快地攒钱。要知道，他每个月不但要支付房租，还有如饭费、交通费、通信费等诸多开支；和他一起大学毕业进入公司的新同事，很多都需要向父母要求支援呢，小江能够做到收支平衡，已经很不容易了。渐渐地，他开始萌生出跳槽的念头，想要骑驴找马，一边心不在焉地做着手头上的工作，一边寻找薪水待遇更好的工作机会。很快，上司就感受到他对于工作的漫不经心。尤其是当小江的工作表现越来越差时，上司找到小江谈话。没想到，上司才刚刚说了几句，小江就厌烦地反驳："这么低的薪水，我只能把工作做到这个份儿上。"这句话惹恼了上司，原本犹豫不决的上司当即决定辞退小江。就这样，小江不但没有找到更好的工作，反而失去了这份还不错的工作。

后来，功夫不负有心人，小江花了一个多月的时间，的确找到了比此前工作的月薪高出五百元的工作。然而，他在兴奋欣喜之余，也养成了这山看着那山高的不良心态，最终工作半年之后再次辞职，跳槽。就这样，在毕业之后的五年之中，小江不断跳槽，看似工资涨了很多，但是实际上他每次跳槽都需要花费一两个月的时间找工作，因而整体算下来，他的年收入反而降低了。最重要的是，因为频繁跳槽，他从未在任何一家公司踏踏实实地工作过，所以也就毫无资历可言。与他的经历截然不同的是，他的很多同学自从大学毕业就在同一家公司工作，如今随着公司的发展壮大，他们自身也在不断成长，现在已经成为公司中层领导，不但职位比小江高，薪水也比小江高出很多，还有位同学都已经成为老板的合伙人了呢！

对于初入职场的大学生而言，最怕的就是骑驴找马，对于手中的工作敷衍了事，却又在不停地寄希望于寻找到新工作，获得高薪。所谓天上不会掉馅饼，世界上也绝没有免费的午餐。任何时候，我们要想收获，就必须首先告诫自己要持之以恒、坚持不懈地付出。很多人都曾经听说过小猫钓鱼的故事，我们也要从中吸取教训，不要为了一只飞来飞去的蝴蝶白白浪费自己的时间，到最后连一条鱼都没有钓到。

尤其是对于身处职场的朋友而言，任何情况下，我们都要积极努力地付出，从而不断学习，为自己积累知识，丰富经验，唯有如此，我们最终才能成为有资格要求老板加薪的职员。如果我们自身毫无进步，只是凭借跳槽时投机取巧、多得到一点儿薪水，其实是得不偿失的。所以朋友们，让我们静下心来，守住人生的寂寞吧。唯有如此，我们才能更加从容地享受人生，真正领悟人生的真谛。

第09章

冲破迷茫，找到人生的正确方向

现在的你过得好吗？在通往未来的路途中，每个人都有迷茫畏缩的时候，不过你并不需要因此而苦恼。我们在面对人生的各种选择、面对机遇与眼前的种种困难时，往往会怀疑自己的价值，不清楚自己真正想要的是什么。此时，最重要的就是冲破内心的迷茫，找到人生的正确方向。

洞察内心，找准人生的方向

人生如同白驹过隙，弹指一挥间，也如同漫长的旅程，长得似乎看不到终点。其实人生的长短全在于我们的心境。假如我们觉得人生都是顺境，且非常快乐和幸福，那么，光阴似箭，人生就会纵身而过。相反，在遭遇坎坷挫折的时候，在自以为扛不过去的时候，人生就变得非常难熬，甚至让人觉得度日如年。在这种情况下，人生是需要“熬”的，一关一关地熬过去，人生也就到了白头。由此可见，人生时长时短，时而幸福快乐时而艰难挫折，我们必须非常努力，才能最大限度地发挥自己的能力，成全自己，成就人生。

既然人生是一场旅途，我们就要注意确定人生的方向。很多人都曾听过南辕北辙的故事，故事里的主人公应该往南走，但是他偏偏要往北走，结果，越是车子牢固结实，车夫技术好，带的盘缠多，他也就距离目的地越远，这样的无用功简直让人抓狂。在人生的过程中也是如此，我们每个人都有人生的方向，也有心的归属，一旦确定了目标，我们就一定要找准方向，才能朝着目的地飞奔而去。否则，即便我们能力很强，或者我们健步如飞，也只会导致我们距离目标越来越远，根本于事无补。

作为美国的石油大亨，洛克菲勒十六岁那年只是一家杂货店的销售员，他每个星期只能领取微薄的薪水——五美元。到了十九岁那年，洛克菲勒决定下海经商，他先从倒卖肉类食品和谷物开始，为了详细记录下做生意的情况，他每天都辛辛苦苦地记账，从不放过任何一笔细小的开支。二十三岁时，洛克菲勒把人生最远大的目标定义为挣钱，拥有财富。就这样，他从此之后再也没有因为生活上的任何事情高兴过，只有当生意上赚钱了，他才能感到片刻的开心。曾经，他为了损失一百五十美元而郁郁寡欢，最终生病，也为了节省金钱和时间，他从来不参加宴会，更不会进行任何娱乐活动。很多人都很痛恨洛克菲勒，觉得他唯金钱是图，他甚至为了钱与亲弟弟反目成仇。他渐渐变得眼里只有钱，也变得性情冷漠，性格孤僻，对人毫无信任可言。

在放弃一切的情况下，他终于在三十五岁那年赚取了人生中的第一桶金——一百万美元。又过去八年，他在四十三岁首创世界上的第一家垄断企业——标准石油公司。当人生又一个十年过去，因为长年累月积劳成疾，也因为精神紧张，他的身体健康急剧恶化，他不得不退出工作岗位，休养生息。正是这段休息的时间，让他意识到自己失去了人生之中最宝贵的，诸如健康、亲情、爱情和友情。彻底顿悟的他不再执着于金钱，而是慷慨解囊，把自己毕生所得都贡献出来造福于他人。他真心诚意地帮助黑人，资助建立了举世闻名的芝加哥大学，还成立了自己的基金会，帮助全世界的人摆脱文盲和疾病。在奉献的过程中，他感受到从未有过的幸福和快乐，也得到了世人的交口称赞。最终，曾经在五十三岁那年就被疾病宣判死刑的他，居然心情舒展，活到了九十八岁。不得不说。他五十三岁之后的四十五年人生，是他找到人生真谛的馈赠，也是他顿悟之后的收获。

在漫漫人生路上，人们总是希望得到更多，然而欲望是永无止境的，尤其是对于金钱和物质的欲望，往往让我们迷失了本性，再也难以找回自己的初心。洛克菲勒是幸运的，因为身体敲响警钟，他最终决定于五十三岁退休，并反思和回顾自己的人生。当他找到真正属于自己的人生之路时，他的人生变得方向明确，他也因此从金钱的奴隶变成了金钱的主人。当然，我们都只是普通人，根本没有能力像洛克菲勒一样拿出很多钱帮助世人，但是我们至少应该从洛克菲勒的身上得到启示——也许，我们今日忙忙碌碌的所得，并非我们真正的需要。与其庸庸碌碌地度过一生，不如从现在开始就让我们用心感受生活的真谛，并领悟自己发乎本性的需要。

人生或短暂，或漫长。我们唯有真正洞察自己的内心，并了解和认识自己的内心，才能找到人生的正确方向。路都是人走出来的，只要方向正确，即便路途遥远，只要我们坚持不懈，持之以恒，总有一天能够到达目的地，也能够找到真正的心灵归属。

努力很重要，方向更重要

对成功而言，努力很重要，方向更重要。方向走对了，哪怕走得慢，也能一步一步靠近成功；可倘若走错了方向，不仅白忙一场，更可能离成功越来越远。人的一生有很多意外会发生，你无法控制它们，就像你不能掌控自己的生老病死一样。于是有人说活着就要及时享乐，就要对得起自己，而有些人认为活着就要不断追求，不断收获，不断给自己树立目标，在每一次实现目标时，尽情享受其中的快乐。

通常我们认为前者是消极的人，把后者赞为积极面对生活的人。拥有目标，从而奋力拼搏，这是成功最简单的模式之一。但你是否明白，在你的生命中，在你前行的路上，不是每一条河都能顺利渡过的，遇到过不了的河掉头而回，也是一种智慧。但很多人在这种情况下，只会盯着眼前奔腾的河水发愁，而看不到河边的苹果树。真正的智者会放飞思想的风筝，摘下河边的“苹果”。

有人说，成功是1%的灵感加上99%的汗水。这句话恰恰反映出这1%的灵感是最重要的，大部分人只是寄托于自己的努力和勤奋而忽略了努力的方向，终其一生也是劳无所获。时间就这样匆匆逝去，生命也这样庸庸碌碌地消逝，而留下来的只是遗憾。事实上，朝着错误的方向前行，比原地踏步更可怕，因为你距离终点将会越来越远。

有两只蚂蚁，它们想翻越前面的一堵墙，去寻找食物。这堵墙长约百米，高近二十米，但每隔十米就有一个小通道。其中一只蚂蚁想自己身强力壮，凭着力气一定能翻过墙去。它铆足了劲儿往上攀爬，但每次爬到一半时都因为太累而跌落下来，不过它总是努力着，希望自己总能爬上去。

另一只蚂蚁身子比较瘦弱，它觉得这样蛮干是不行的，它观察了一下整个墙体，终于发现这堵墙的秘密。于是它决定从通道过去。它很快就穿过这堵墙，找到了美味的食物，开始享用。而另外那只蚂蚁还在勇敢地爬墙，还在不停地跌落又开始。

确实，有时愿望很重要，勇气很重要，毅力很重要，但方向更重要。在现实生活中，没有方向或走错方向的人很多，他们坚信“天道酬勤”，殊不知，这些成功之道必须建立在一个基本前提之上，那就是正确的方向。事实上，确定方向比努力本身更重要，如果方向错误，越努力反而离成功越远。

清华大学校长曾送给毕业生一段话：“在未来的世界里，方向比努力重要，努力比知识重要，健康比成绩重要，生活比文凭重要，情商比智商重要。”有的人起点并不高，但因为他们选择了正确的职业发展方向，所以在短短几年之后他们的成就超过了很多当初起点比他们高的人。

人必须科学审视自身所处的环境，客观地评价自己的能力素质，正确地选择努力的方向，否则付出再多的努力也是白费。许多人从事着自己并不喜欢的职业，总是发出“我也很努力，不过就是做不到最好”的感慨。其缘由是这些人并非不喜欢这份职业，而是这份工作并非最适合他们的。如果人希望把一项工作做得得心应手，就要选择正确的人生目标。如果走错了方向，那么就要果断放弃，去寻找自己正确的人生方向。

在这个世界上，条条大路通罗马，通往成功的道路不止千万条。不过需要记住：几乎所有的道路，不是别人给的，而是你自己选择的结果。你选择什么样的道路，也就会拥有什么样的人生。从容思考，从速实行，方向永远比努力更重要。

主动思考，打出人生好牌局

生活中，有很多朋友都喜欢打牌。他们会发现，在牌桌上，抓到一手好牌的人往往沾沾自喜，抓到一手坏牌的人，则愁眉不展，不知道如何才能扭转牌运，改变牌局。当然，这都是人之常情，是完全可以理解的。但是，我们的情绪并不能使我们手中的坏牌变成好牌，我们唯有端正态度，才能冷静理智地从容打好自己手中的牌，这样一来，说不定就能改变劣势变成优势，也就能够迎来人生新的契机。反而言之，就算人生真的能够抓到一副好牌，我们也未必能够保证接下来打牌的过程会一帆风顺。想要打好人生牌局，要求我们自身能够主动思考，保持理智，从而小心谨慎，步步为营，从而争取好的结果。

在现在这个靠脸吃饭的年代，很多女性都绞尽脑汁，想尽各种办法为自己整容整形、美体塑形，目的就是帮助自己具备良好的外形条件，从而钓得金龟婿。其貌不扬的罗丹虽然也正值青春年华，却因为身材矮小，相貌普通，导致她一直老实本分，从未像其他女孩那样如同绽放的花朵，表现自己的无限魅力。而且，罗丹也并非名牌大学毕业，她只有大专文凭，说起来，在这个人才济济的时代中，几乎没有资本与人争锋。但是，罗丹很幸福，她不但找到了一个好老公，而且拥有非常美满的家庭，让无数年轻美貌的女子都对她羡慕不已。

最初，罗丹与老公李强相识时，李强还是个毛头小伙子，一无所有，默默无闻。不过，罗丹慧眼识珠，她也知道凭借自身的条件不可能找到一个事业有成的男性，此外，她知道两个人必须相互珍惜，彼此扶持，才能心心相印，一起赢得美满的人生。为此，罗丹在对李强一见倾心之后，毫不犹豫地选择和李强在一起，而且这么多年从未后悔过。刚开始时，罗丹和李强一起奋力打拼，他们省吃俭用，好不容易才有了一定的经济基础。随着公司走上正轨，罗丹正好也怀孕了，因此她决定回归家庭相夫教子，而把公司交给李强一个人打理。对此，包括妈妈在内的很多人都劝说罗丹不要过于相信李强，毕竟男人三十一枝花，而李强如今又是事业有成的男人，自然会有很多年轻美貌的女孩愿意倒追，摘取罗丹这么多年来辛苦种下的果实。对此，罗丹却胸有成竹。

原来，罗丹是个很会经营的女人。她知道李强家在农村，家境贫穷，因而在经济条件稍微好点儿之后，就把公婆接到身边。她每天不但要照顾孩子，还要照顾老人，不管老人有任何地方不舒服，她都第一时间带着去医院就诊。因此，她的公婆简直对她赞不绝口，说她比女儿还要贴心呢！对于李强，罗丹也绝不防备。她每天都做好李强爱吃的饭菜在家等着李强回家，而且把孩子教育得非常聪明乖巧。试想，对于这样一个其乐融融的天伦之家，李强每天下班之后，怎能不愿意马上回家呢！此外，罗丹也并不让李强养着自己，虽然公司是她和李强一起创办的，但是她在回归家庭后，还开了一家会所，专门为相熟的女性朋友服务。就这样，其貌不扬的罗丹把家庭生活经营得风生水起。

毫无疑问，罗丹是个“打牌高手”，所以她才能把各方面条件都很普通的自己打造得让李强如此喜爱和尊重。所以朋友们，不要因为自己的客观条件而感到懊丧，要想拥有幸福的生活，客观条件实际上并不那么重要。最重要的是，我们要不断地提升和完善自我，让自己内外兼修，从而使爱我们的人赏心悦目。

现实生活中，有很多朋友都特别喜欢抱怨。他们把自己人生的痛苦全都归结于外界的客观原因，或者埋怨父母没有把自己生得更好，或者抱怨命运没有给自己一副好牌。殊不知，这个世界上大多数成功者都出身贫苦，遭受了命运的磨难，而很多幸福的人也并非因为得到的多，只是因为他们很善于经营人生而已。

有规划的人生才是蓝图

对于人生，每个人都应该有规划。毕竟，人生虽然漫长，却不能随意挥霍。人生虽然短暂，却不是真的白驹过隙，而是要走过一段长长的路，遇到很多人，经历很多事情。面对这样复杂的人生，我们唯有进行详细的计划和切实可行的规划，才能保证我们的生活井井有条地继续下去，不至于半途而废，也不至于白白浪费宝贵的生命。

人们常说，有规划的人生才是蓝图，没有规划的人生则如同混乱的地图，使人根本无法分清楚东西南北，更找不到终点和目的地。因而，我们唯有对人生进行规划，才能在人生地图中确定自己的人生路线，从而对人生做到胸有成竹。至少，我们要知道自己现在所处的位置，也要知道自己未来即将去往的目的地。现实生活中过，有很多朋友都在懊悔，懊悔自己没有及早规划人生，懊悔自己的人生太迷茫，白白浪费了宝贵的时间，还有些朋友恨不得时光倒流，能够让自己再重新活一遍。当然，这样的懊悔根本于事无补，这个世界上不仅没有卖后悔药的，更没有时光穿梭机，能够让我们随意来往于人生的不同时空。因此，我们唯一能做的就是未雨绸缪，先把人生计划好，制订切实可行的规划，这样才能让我们对自己的人生做到心中有数，绝不迷糊。

现代社会，生活压力越来越大，工作节奏越来越快，也因此导致很多职场人士都在抱怨工作的辛苦、人际关系的复杂，哪怕是赋闲在家只需要应付生活的人，也很难感到得心应手、顺心如意。对于残酷的现实，我们不由得感慨命运无常。作为“新东方”的创始人之一，徐小平更是曾经说，人生没有规划，每个人距离忍饥挨饿只有三天的距离。当然，这句话未免有些耸人听闻，但它确实蕴含着深刻的道理。毋庸置疑，人生需要规划，尤其是在现代社会，我们更要勇敢面对激烈的竞争，才能最大限度发挥自身的能力，从而帮助自己创造未来，缔造人生。

当然，人生规划得再详细，我们的人生也不会完全按照规划来，毕竟计划没有变化快，任何时候，我们的规划都有可能因为现实情况的变化而改变。因此，我们要制订规划，却不能完全迷信规划。唯有与时俱进，顺势而为，我们的人生才能发展得更加顺利、顺遂。

针对人生规划对人生的影响，在20世纪中叶，哈佛大学的一位社会学教授曾经进行了专门的调查访问。他专门与一千名马上大学毕业的哈佛学生进行面谈，主要目的就是询问他们的人生规划。结果，在这些学生中，只有不足百分之四的学生对于人生有着清晰的规划，还有百分之十六的学生虽然对于人生有规划，但是人生设计很模糊，毫不清晰。转眼之间，三十年过去了，这位教授对这些学生进行回访，更针对多项指标，对他们的人生进行评估。结果，教授发现，那些对人生有着清晰人生规划的学生，生活得非常好。他们不但家庭幸福，事业成功，而且实现了很多人梦寐以求的财务自由。相比之下，有着模糊人生规划的学生，则成为各行各业的中坚力量。他们工作顺利，衣食无忧，但是他们对人生感到很迷茫，甚至陷入矛盾之中，因而他们总是觉得很疲劳。当然，他们的情况并非最糟糕的，最糟糕的是那些对于人生根本毫无规划的人。他们小富即安，因而只能从事技术或者销售工作，有些人甚至无法养活自己。

从教授的跟踪调查中我们不难发现，就算是毕业于世界名校哈佛大学的学生，也未必每个人都能获得成功，更何况是我们这些普通人呢！因此朋友们，为了把握命运，改变人生，我们一定要端正心态，从而成为拥有完美人生的“幸运儿”。这一切，都要从此时此刻做起，都要从规划人生做起。记住，如果一个人从不会主动规划人生，那么他就会被人生规划掉。相反，一个人只有主动规划人生，拥有清晰的人生规划，做到对自己的人生心中有数、胸有成竹，才能最大限度发掘自身潜力，拥有精彩辉煌的人生。

第10章

人生苦短，抱怨赌气不如上进争气

阿纳托尔·法郎士说："要完成一番伟大的事业，我们既需要梦想也需要行动。"人生漫长，我们总会遭遇挫折，免不了抱怨；人生苦短，我们必须及时行动，只争朝夕。当事情停滞不前时，与其抱怨赌气不如上进争气。

在你的抱怨声中，一切会更糟糕

人在职场，总是可以听到各种各样的抱怨。例如，不在升职之列的人，会抱怨领导不公平，只需要拍马溜须者，而且只想照顾那些关系户，拍拍更上级领导的马屁；而那些不在加薪行列的人，则抱怨自己数年如一日地辛苦努力，却比不上别人的几句好话更能得到领导的赏识，因而抱怨领导是个棉花耳朵，而且眼神有些不好，根本看不到谁在踏踏实实地干活，谁在油嘴滑舌。难道事实真的像我们想象的一样吗？升职的人一定是关系户，或者只会拍马屁吗？加薪的人一定是曲意逢迎领导而没有自己的真才实学吗？再想想我们自己，真的如同我们所说的一样有能力有实力而且踏实肯干吗？就算你真的如自己想象的那么完美，但因为爱抱怨，领导就可以将你拒之千里。

每个领导都有自己做人做事的方法和风格，但是所有的领导都有一条共性，那就是决不喜欢抱怨的下属。为何要抱怨呢？抱怨有何实际的作用呢？生活从来不是完美的，不完美的我们更没有理由苛求生活处处符合我们的预期和要求。所以，与其抱怨生命，抱怨命运，我们还不如调整好自己的心态，以端正的态度面对生活。毕竟生活中的一切坎坷磨难并不会因为我们的抱怨就消失，相反，在我们的抱怨声中，一切会变得更加糟糕。

发生问题的时候，很多人第一时间想到的并非解决问题，而是不断地抱怨和诅咒，甚至在可以避免问题的情况下眼睁睁地看着问题发生，最终导致无法挽回。其实，抱怨除了使问题变得更加难以收场，真的一点儿好处都没有。所以，不管是在生活中，还是在工作中，我们都要努力解决问题，而不要一味地抱怨，甚至陷入歇斯底里的愤怒，让自己完全失去理智。

很多人已经习惯了抱怨模式，一张嘴就想抱怨，似乎抱怨已经成为他们生活和工作的伴生物，永远也不会消失。实际上，抱怨不仅对我们自身无益，而且会给我们身边的人带来很多的烦恼。负面情绪有很大的影响作用，不知不觉就会给他人带来负面影响。因此，朋友们，不要让抱怨破坏我们的好心情。尤其是在职场上，更不要让你的抱怨影响他人的工作态度和节奏，否则上司一定会视你如同仇人，对你怒目而视。

生命是短暂的，生命中每一分每一秒的时间都非常宝贵。我们与其花费宝贵的生命时光去抱怨，不如调整好自己的心态，用积极的态度代替消极的态度，从而让自己更加体会到生活的美好。当我们怀着一颗感恩的心去工作，当我们对待任何事情和问题都积极乐观，当我们即使面对艰难和坎坷的人生境遇也绝不退缩和抱怨，我们就离成功的人生更近了一步。

炫耀是最脆弱的自我伪装

这个世界上没有两片完全相同的树叶，也没有两个完全相同的人。每个人都是这个世界上独一无二的存在，都是无可替代的，也是别人无法企及的。所以，对于任何人而言，都不要妄自菲薄，也不要狂妄张扬。归根结底，每个人都有自己的缺点，也有自己的优点，肆意张扬只会让我们“聪明反被聪明误”，一味地炫耀，恰恰意味着我们内心的空虚和脆弱。一个真正强大的人，不会为了得到别人的羡慕而炫耀自身的一切，在他看来，炫耀是最脆弱的一种方式。要想让人生变得厚重，我们唯一需要做的就是尊重自己的内心，坦然迎接人生，从而为人生迎来美好的未来。

从心理学的角度来说，每个人都希望得到他人的重视。我们希望被他人尊重和重视，他人也同样希望得到我们的尊重和重视。我们的炫耀，恰恰会对他人造成压迫感，尤其是当我们在那些明显不如我们的人面前炫耀时，他们定会觉得很难受。从人际关系的角度而言，他们必然会对我们产生排斥，并疏远我们，进而使我们的人际关系越来越差。有的时候，过度的炫耀还会招致他人的羡慕嫉妒恨，而且羡慕的成分少，嫉妒与恨的成分多。当恨的感觉越来越强烈时，很多自我控制能力差或者是心灵扭曲的人就会做出冲动之举，甚至酿成大祸。所以，朋友们，不要以炫耀去刺激别人脆弱的心，要知道现代社会有很多人都不堪一击。不论从自身安全的角度来说，还是从与他人关系的角度来说，我们都要低调内敛，从而占据主动。

当然，人的心理是非常复杂的。任何时候，我们都无法了解别人的内心，甚至对自己的内心也非常懵懂。我们并不因为自己是自己就特别了解自己，相反，不识庐山真面目，只缘身在此山中，我们甚至从不知道自己内心真实的想法。很多人因为极度的自卑，会变得骄傲，这只是一种虚伪的骄傲，根本经不起任何质疑和打击。同样的道理，当人们缺少什么的时候，也会因此而变得爱炫耀，归根结底，炫耀是最脆弱的自我伪装。

一直以来，小叶都过着贫穷的生活。她不但从小生活在贫困的家庭，父母都是薪水微薄的工人，长大之后成家了，婆家也是最底层的小市民。因此，小叶从未过过非常轻松的生活，对于金钱，她一直以来的感受就是捉襟见肘。直到她的儿子大学毕业，找到了一份很好的工作，每个月都能拿将近一万块钱的薪水，小叶才兴奋地向别人炫耀："我儿子可有出息了，一毕业每个月就月薪过万。等到将来，他的薪水必然越来越高，我可算是能享福了。"小叶的炫耀对象并不是那些富有的亲戚，而是她那些贫穷的工友。对于这些每天辛苦工作十几个小时的工人来说，大学生轻轻松松月薪过万，的确是不可想象的。刚开始时，听到小叶的炫耀，大家都羡慕不已，纷纷说小叶生了个好儿子。但是，等她炫耀的时间久了，次数多了，大家未免感到愤愤不平。有些女性工友出于妒忌，甚至会直截了当地问小叶："你儿子挣得再多，工资交给你吗？要知道，现在儿子可是建设银行，不定看上谁家的闺女，就去人家当上门女婿，任由丈母娘使唤了呢！"的确，儿子的薪水并没有交给小叶，因而这个问题使得小叶颇有些恼羞成怒，为此，她火急火燎地说："不管去谁家当女婿，那也是我儿子。"这样的话苍白无力，使得工友们一改往日的羡慕，背地里反而偷偷议论："就跟没见过钱似的！""她就是过过嘴瘾，她儿子的钱一分也没给她，早就交给她未来的儿媳妇了！""傻了呗，现在她儿子还回家看看她，等结婚再看吧，非得天天都住在丈母娘家！"

工友们的话没有错，小叶一直因为贫穷耿耿于怀，也始终没有在他人面前过起扬眉吐气的日子。而且，儿子自从找了女朋友之后，的确很少回家，而且把钱都交给了女朋友，因而小叶只能以这样的方式安慰自己，让自己得到工友的些许羡慕。

很多时候，炫耀非但无法得到他人的认可，还会招致他人的瞧不起。既然如此，我们与其心虚地炫耀，不如低调内敛。归根结底，我们是为自己而活，我们的日子也是自己在过，只要我们真的幸福，别人说什么又有什么关系呢！真正懂得处世之道的人，是不会用炫耀维持自己的尊严的。

别赌气，努力为自己争口气

常言道，人活一张脸，树活一张皮。现实生活中，爱脸面的人不在少数，其实，人之所以爱惜自己的颜面，就是因为人需要为自己争气，也要顾全自己的自尊心。毋庸置疑，每个人都是有尊严的。为了维护自身的尊严，我们努力拼搏，争取与他人平起平坐。所以人们也常说，人必须争气。所谓争气，指的就是要有气概和气势，指的就是人要活出自己的精气神，有自己的精神面貌。人生在世，不如意之事十有八九。面对人生的不如意，我们与其赌气，不如竭尽所能地争气。毕竟，当赌气放弃时，一切便都宣告结束，唯有竭尽所能地争气，我们才能扭转局势，改变命运，从而为自己赢得更加美好的未来。

近年来，郭德纲的德云社非常热，备受关注。尤其是郭德纲的得意弟子小岳岳，更是深得观众的喜爱。然而，当大家欣赏着小岳岳风趣幽默的表演时，很少有人知道小岳岳在正式成为一名相声演员之前没少遭受命运的折磨。

小岳岳的家在河南濮阳。他的父母养育了七个孩子，他家境贫苦，他在十三岁之前更是从未穿过属于自己的新衣服。他只上了一年初中就辍学了，和大姐一起去北京打工。小岳岳很有志气，在去往北京的火车上，就立志要让父母过上好日子。然而，他年龄不够，经常被用人单位以“不能雇用童工”

为由拒绝。后来，他好不容易才成为电厂的保安，总算每个月都有了几百块钱的收入。然而，小岳岳虽然年纪小，心思却不简单，他认为自己不可能一辈子当保安，因此就改行去饭店当服务员，做些零碎活儿。但是，半年多之后，他再次被辞退，因为老板的弟弟来了。幸好，在人生中最艰难的时候，热心的朋友始终陪在他身边。后来，他相继干过保洁、电焊工、面馆的服务员等。正是在面馆当服务员时，声音洪亮的小岳岳进入郭德纲的视野。当听说自己可以跟随相声老师学习时，小岳岳怦然心动。然而，郭德纲对他的考察还没有结束，直到三个月后，郭德纲才收下一心一意想学相声的小岳岳。

为了专心学好相声，小岳岳辞掉服务员的工作，来到了德云社。郭德纲提供住宿，每个月还会给小岳岳五十元钱零花钱。但是想到自己将失去在面馆当服务员的一千多元钱月收入，小岳岳又有些犹豫了。思来想去，他才想清楚一个道理：如果学好相声，也许假以时日能够成为艺术家，但是当服务员，谁又见过白发苍苍的服务员呢！想到这一点，小岳岳决定要学好相声。跟随郭德纲学习几年后，小岳岳才终于成功地站上舞台，成为郭德纲最为得意的弟子之一。2015年2月，而立之年的小岳岳登上央视春晚，从此之后走入全国电视观众的心目中。

对于困窘的家庭经济状况，小岳岳非常懂事，始终想要凭借自己的努力，让父母过上幸福的生活。他做过很多又苦又累的活儿，即便遭遇辞退，也从未与自己的人生赌气，而是不断地思考自己的出路，竭尽所能地改变自己命运。所谓功夫不负有心人，如今的小岳岳已经成为名人，并作为郭德纲的得意门生为世人所熟知。

朋友们，有谁的成功是从天而降的呢？每个人的人生，既有人前的光鲜亮丽，也会有人后的坎坷与挫折，每个人在人生路上更是难免遭遇失败的打击和命运的磨难。我们唯有鼓起勇气，在多舛的命运前站起来，继续努力向前冲，才能成功战胜人生的困境，实现自己与众不同的精彩人生。所以说，与其赌气，不如争气，从现在起，就让我们努力为自己争口气吧！

感恩是一种人生态度

对于生活，很多人总是充满抱怨，他们不但抱怨父母没有把他们生养得更高大强健、漂亮美丽，还会抱怨父母没有为他们提供优越的生活条件。长大成人之后，他们抱怨社会，对他人充满怨恨，总觉得别人似乎欠了他们什么。在这样的心态下，他们怎么可能拥有幸福快乐的生活呢？对于生活，对于感恩，法国著名的科学家、两次获得诺贝尔奖的居里夫人说："一个人无论有多大的成就，都应该饮水思源，都应该知道自己最初的种子来自值得尊重和永远感恩的老师。”我们国家，古人也曾说，知恩图报，善莫大焉。这句话告诉我们，每个人必须懂得感恩，远离抱怨。

感恩生养你的父母，是他们给了你生命，把你带到这个世界上；感恩在你成长路上始终陪伴和帮助你的朋友，是他们让你远离寂寞，也给你的生命带来更多的快乐；感恩你的爱人和孩子，是他们使你享受到天伦之乐和为人父母的欣喜；也感恩你的对手，如果没有他们的存在，你不可能进步得如此之快；还要感恩你的敌人，如果没有他们的伤害，也许你至今还没有获得如此快速的成长……感恩一切，感恩生命，感恩阳光雨露和每一株小草，让我们的生命变得如此温暖美丽，充满力量。细心的朋友会发现，那些生活中幸福快乐的人，那些人生中成就巨大的人，他们都是懂得感恩的人，都是能够宽容对待别人、对别人的滴水之恩抱以涌泉的人。

其实，生命从呱呱坠地开始，一直在接受这个世界的馈赠。当我们以感激的眼神看着这个世界时，我们得到的是柔情；当我们以怨恨的眼神看着这个世界时，我们得到的是懊悔和憎恨。人怀有怎样的心态才会生活得更快乐呢？相信每个聪明的朋友都会作出正确的判断，也会作出明智理性的选择。我们只有拥有发现美的眼睛，才能看到这个世界上更多的美好。

偏偏现在有很多人不知道感恩，甚至有很多人对于生养自己的亲生父母也心怀怨恨。不得不说，这是人性的缺失，也是社会的倒退。当然，感恩不是勉强而来的，而是发自内心的感激之情。我们唯有内心清泉如涌，才能常怀感恩之心。中国人自古崇尚礼尚往来，我们只有感恩，才能善待他人，才能得到他人的善待。朋友们，就让我们常怀感恩之心吧，相信我们的眼睛一定会因为感恩变得明亮，我们的胸怀一定会因为感恩变得博大。

从某个角度而言，感恩还是一种生活态度。感恩绝不仅局限于对某个人或者某个事物的态度，而是对于整个生活的态度。那些因为仇恨社会作出冲动犯罪之举的人，一定不是感恩的人。感恩并非简单的报恩，而是我们对于整个社会和全人类的友善态度。朋友们，希望我们能够常怀感恩之心，让我们的人生充满阳光，美丽绚烂。

通过抱怨反省自己，重新接纳生活

生活中，我们常常听到一些人抱怨："哎！每天都在重复这些工作，真是浪费生命！""为什么每次都让我去处理这些事！""什么时候才能给我涨点工资呢……"他们对工作似乎一点也不满意，而实际上，他们在抱怨不满时，最应该做的是适当地反省。为什么自己会有这样那样的不满？是不是因为自己做得不够好？从这些方面来说，其实抱怨也可以作为一个加速器，加速自己的成功。只要你能够通过抱怨看到自己的缺点，你就会进步。

事实上，聪明人懂得通过抱怨来反省自己，接纳生活，让生活变得更美好。抱怨自己的人，看到自己的缺点，一定会更加努力。

同样，处于某种环境下的人们，当你因为抱怨环境太糟糕而一味地拖延的时候，为何不选择通过立即行动来改变自己呢？为何抱怨工作环境不好、薪水不高、老板不够和蔼呢？为何不反思自己是否已经做到位、是否有着高效的执行力呢？

我们先来看下面一个故事：

在美国的一所小学里，有这样一个班级，这个班级的学生比较特别，他们一共有二十六个人，都是曾经失足的孩子，他们有的进过少管所，有的吸过毒，总之是让老师和家长失望透顶。

在这个班级成立后，一位叫菲拉的女老师接手了。在她给学生们上的第一节上，她并没有如人们想象的那样整顿班级纪律，而是在黑板上给孩子们出了一道选择题。让孩子们根据自己的判断选出一位在后来能够造福于人类的人。她列出三个候选人：

A.他笃信巫医，有多年的吸烟史，嗜酒如命，还有两个情妇。

B.有正经工作，却不珍惜，每天睡到中午才起床，钟爱酒精，每天都要喝一斤多的酒，还吸食过鸦片。

C.曾有过辉煌的历史：是国家的战斗英雄，不吸烟喝酒，坚持食素，从不违法。

结果大家都选择C。

菲拉公布答案，A是富兰克林·罗斯福，连续担任过四届美国总统；B是温斯顿·丘吉尔，英国历史上最著名的首相；C是阿道夫·希特勒，法西斯恶魔。

孩子们看呆了，不明白为什么结果会是这样。接下来，菲拉满怀激情地告诉大家：

"孩子们，一个人，无论他的过去是荣誉也罢是耻辱也好，那只能代表过去，最重要的是他的现在和将来，只要你从现在开始决定做你想成为的人并为之努力，你就能成为一个了不起的人。"

菲拉的这番话，改变了这二十六个孩子一生的命运。其中，就有华尔街最年轻的基金经理人——罗伯特·哈里森！

的确，菲拉教师的话是正确的，过去的生活，不管如何辉煌和暗淡，都随着时光如流水般逝去。要知道，羁绊于过去，是很难洒脱地走向美好明天的。一个人，只有学会放下对环境的坏情绪，适应环境，才能有意识地改变自己，最终改变命运。

在现代企业里，总是有一些人对待工作抱有消极倦怠的态度，对待工作总是能拖就拖，若问其为何不积极工作，他们便会反驳："底层员工，就这么点薪水，没热情努力工作。"既然如此，为何不努力工作、成为自己羡慕的高层管理者？再比如，一些人抱怨自己经济能力差所以没有去找女朋友，那么为何不努力改善经济状况？其实，归根结底我们还是要记住一句话：你改变不了环境，但你可以改变自己；你改变不了事实，但你可以改变态度。

当然，勇于尝试需要人们有一种开拓进取的精神，鲁迅先生曾经说过，其实地上本没有路，走的人多了，也便成了路。所以他十分赞赏"第一个吃螃蟹的人"，那些在人类前进道路上披荆斩棘的人。

有两个都想过富裕生活的人，其中一位是学富五车的教授，另一位是目不识丁的文盲，两个人是邻居，为了共同的目标经常一起聊天。每次，教授都滔滔不绝地讲他的致富理论，各种办法层出不穷；那位文盲也不多说，只是认真地听，并且不停地照教授的办法去行动。

过了几年，文盲当真成了百万富翁，教授却还是原地踏步，依然继续他的高谈阔论。

这个故事同样说明：坐而言不如起而行。一个人，只有立即行动起来，才能真正创造价值，继而持续行动，获得成功。

总之，任何不满意现在状态的人都必须懂得：多改变自己，少埋怨环境。正如一句名言所说的："如果你认为你处在恶劣的环境中，那么请好好地修炼，练好内功，等待爆发的日子。"

参考文献

[1] 阿春牧羊犬. 愿世间的美好，都被温柔以待[M]. 南昌：百花洲文艺出版社，2018.

[2] 谢姣姣. 别急，你要的岁月都会给你[M]. 苏州：古吴轩出版社，2014.

[3] 弘一法师. 不急躁[M]. 重庆：重庆出版社，2016.

[4] 沈嘉柯. 沉心十年[M]. 南京：江苏文艺出版社，2015.